电网企业无人机作业人员专业培训教材

基础操作技能

国网安徽省电力有限公司无人机巡检作业管理中心 组编

中国电力出版社

CHINA ELECTRIC POWER PRESS

内 容 提 要

　　无人机作为电网企业传统运维手段的升级和延伸，保证了运维检修工作质量、补齐了传统人力巡视短板、丰富了应急抢险处置手段，已成为电力设备巡视、检测最有力的技术手段，成为基层班组不可或缺的工具，对保障大电网安全稳定运行意义重大。因此，电网企业设备管理专业人员，尤其是基层班组人员熟练掌握无人机操控技能是十分必要和必需的，也是巡检作业合规合法飞行和业务规范化开展的必然要求。

　　本书共包括 5 章内容，分别为民用无人驾驶航空器操控员执照、飞行模拟器基础训练、飞行模拟器进阶训练、无人机飞行基础训练和无人机飞行提升训练。完成本书学习可熟练掌握无人机的基础操作技能，具备取得中国民航局旋翼机类别多旋翼级别无人机操控员执照的能力水平。

　　本书是电网企业无人机作业人员的专业培训教材，可作为电网企业开展无人机取证及技能培训工作的培训教材及学习资料，也可作为从事电网企业无人机作业服务相关社会从业人员的自学用书与阅读参考书。

图书在版编目（CIP）数据

电网企业无人机作业人员专业培训教材．基础操作技能/国网安徽省电力有限公司无人机巡检作业管理中心组编．—北京：中国电力出版社，2023.11（2025.3重印）
ISBN 978-7-5198-8153-5

Ⅰ.①电… Ⅱ.①国… Ⅲ.①无人驾驶飞机－应用－电力线路－巡回检测－技术培训－教材②无人驾驶飞机－应用－电力工程－工程施工－技术培训－教材 Ⅳ.①TM7

中国国家版本馆 CIP 数据核字（2023）第 182776 号

出版发行：中国电力出版社
地　　　址：北京市东城区北京站西街 19 号（邮政编码 100005）
网　　　址：http：//www.cepp.sgcc.com.cn
责任编辑：苗唯时　马雪倩
责任校对：黄　蓓　马　宁
装帧设计：郝晓燕
责任印制：石　雷

印　　刷：三河市万龙印装有限公司
版　　次：2023 年 11 月第一版
印　　次：2025 年 3 月北京第三次印刷
开　　本：787 毫米×1092 毫米　16 开本
印　　张：9
字　　数：163 千字
印　　数：2001—3500 册
定　　价：83.00 元

编　委　会

前　　言

近年来，我国经济持续高速发展，电网规模快速增长与人员配置短缺之间的矛盾日益突出，传统人力密集型运检模式已经无法满足当前更加严苛的电力保供要求。为此，国家电网有限公司（以下简称"国家电网公司"）聚焦运维模式转型，大力推广无人机巡检应用，加快无人机装备及人才队伍建设，开展无人机自主巡检示范单位建设，持续赋能基层一线，加快构建现代设备管理体系。

国网安徽省电力有限公司（以下简称"安徽公司"）深入贯彻落实国网公司工作部署，设立国网安徽省电力有限公司无人机巡检作业管理中心（以下简称"省机巡管理中心"），作为省公司无人机业务支撑机构，推动无人机自主巡检规模化应用，在国家电网公司系统首批建成管理水平一流、技术国际领先的无人机智能巡检示范单位，首家建立管办分离的"省-市-县-班组（站所）"四级无人机作业体系，树立了示范引领，实现了巡检作业模式转变，全面提升了运检质效。

安徽公司高度重视无人机专业人才队伍建设，依托省机巡管理中心组织开展全省基层班组取证及技能培训，建成华东区域最大的无人机操作技能标准化实训基地，获批授权中国民航局民用无人机操控员执照考点和中电联电力行业无人机巡检作业人员全专业（输电、变电、配电）评价基地。首创"基础资质（CAAC 执照）＋专业技能（CEC／UTC 证书）"的双证无人机人才培养评价体系，通过培训的学员可直接参与电力设备（输电、变电、配电）专业巡检并能熟练完成作业任务。省机巡管理中心已累计为全省培养输送无人机专业人才 2000 余人，2 人获评首席无人机技能大师，数十人在国家级、省级、市级等各类无人机技能大赛中夺得佳绩。

为总结安徽公司无人机取证及技能培训工作取得的成果，指导无人机专业培训规范化开展，进一步强化培训能力、提升培训质量，省机巡管理中心组织编写了《电网企业无人机作业人员专业培训教材》，包括基础操作技能和专业应用技术两个分册，详细讲解了电网企业无人机作业人员应当掌握的无人机基础操作技能和专业应用技术，凝聚了安徽公司无人机作业人员、技术人员和管理人员的集体智慧。

本书在编写中吸收了国内同类教材的优点，也结合了电网企业的实际情况，从易于基层班组人员学习角度出发，力求文字通俗易懂、图例丰富、步骤清晰，便于自学。

本书在编写过程中，引用和借鉴了部分软件的名称和图片，在此对相关单位表示感谢，如涉及版权等问题，请于编者联系。

由于时间紧迫，又限于编写人员知识理论水平和实践经验，书中难免存在不妥或疏漏之处，恳请广大读者批评指正。

编　者

2023 年 10 月

目　　录

第一章

民用无人驾驶航空器操控员执照

第一节　无人机操控员执照的法律要求

国务院和中央军委于 2023 年 6 月 28 日正式公布《无人驾驶航空器飞行管理暂行条例》（第 761 号）（以下简称《条例》）法规文件。这是我国关于无人驾驶航空器飞行管理的第一部专门性行政法规，旨在规范无人驾驶航空器的飞行和相关活动，促进无人驾驶航空器产业的健康有序发展，确保航空安全、公共安全和国家安全。该条例自 2024 年 1 月 1 日起生效。《条例》共六章 63 条，包括总则、民用无人驾驶航空器及操作员管理、空域和飞行活动管理、监督管理和应急处置、法律责任、附则等内容。

未取得操控员执照操控民用无人驾驶航空器飞行的，由民用航空管理部门处 5000 元以上 5 万元以下的罚款；情节严重的，处 1 万元以上 10 万元以下的罚款。超出操控员执照载明范围操控民用无人驾驶航空器飞行的，由民用航空管理部门处 2000 元以上 2 万元以下的罚款，并处暂扣操控员执照 6 个月至 12 个月；情节严重的，吊销其操控员执照，2 年内不受理其操控员执照申请。

第二节　无人机操控员执照的持照要求

《条例》第二章第十六条、第十七条以及中国民航局《民用无人驾驶航空器操控员管理规定》（AC‑61‑FS‑020R3）对操控民用无人驾驶航空器人员的条件和资质作出了详细规定。

一、无须持有执照的情况

（1）在室内运行的无人机。

（2）微型和轻型无人机（操控员应当熟练掌握有关机型操作方法，了解风险警示信息和有关管理制度）。

（3）在人烟稀少、空旷的非人口稠密区进行试验飞行的无人机。

（4）操控最大起飞质量不超过150kg的农用无人机，在农林牧渔区域上方不超过真高30m的适飞空域内从事植保、播种、投饵等农林牧渔作业飞行活动，担任操控农用无人机并负责无人机运行和安全的操控员，应当经农业农村部等部门规定的由符合资质要求的农用无人机生产企业自主负责的农用无人机操控人员培训考核。

二、应当持有执照的情况

（1）操控小型、中型、大型民用无人驾驶航空器飞行的人员，应当向国务院民用航空主管部门申请取得相应民用无人驾驶航空器操控员（以下简称"操控员"）执照，并且在行使相应权利时随身携带该执照。

（2）需多人机组操控的无人机，机组中负责飞行驾驶的个人应当持有执照。

（3）操控分布式无人机的，安全操作责任人应当持有执照，其他涉及操控任务的人员无须持有执照，但应当完成运行人实施的相关培训。

（4）执照应当具有相应的类别、级别（如适用）和型别（如适用）等级签注。

三、合格证转换

自2018年9月1日起，民航局授权行业协会颁发的有效的无人机操控员合格证（AOPA）已自动转换为民航局颁发的电子执照（CAAC），原合格证所载明的权利一并转移至该电子执照。

AOPA无人机操控员合格证转换为CAAC无人机执照如图1-1所示。

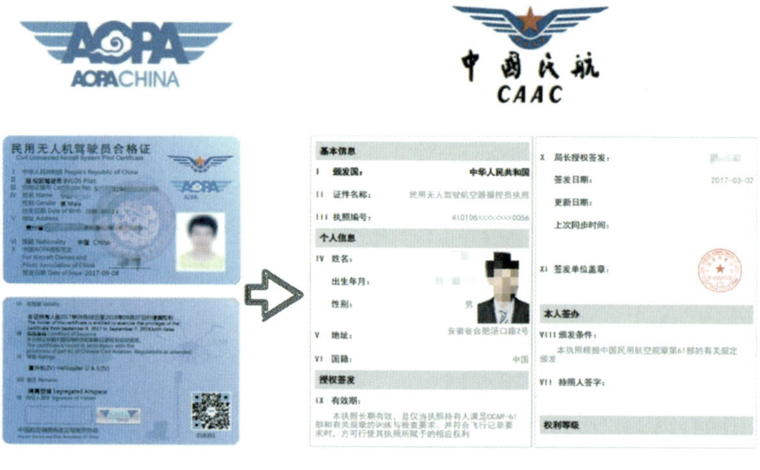

图1-1　AOPA无人机操控员合格证转换为CAAC无人机执照

第三节　CAAC 无人机执照类型及有效期

一、 CAAC 执照考试类型

CAAC 无人机执照主要签注内容有 A 执照种类、B 类别等级、C 级别等级。其中，A 执照种类有三类：①小型无人机操控员执照；②中型无人机操控员执照；③大型无人机操控员执照。B 类别等级有 8 类：①飞机；②垂直起降飞机；③旋翼机；④倾转旋翼机；⑤飞艇；⑥自由气球；⑦滑翔机；⑧特殊类，电网企业主要使用②垂直起降飞机和③旋翼机两种类别。C 级别等级有 3 类：①视距内驾驶员；②超视距驾驶员；③教员，其中部分类别的无人机只有②超视距驾驶员和③教员两种等级。

二、 CAAC 执照有效期

根据现行中国民航局《民用无人机驾驶员管理规定》（AC‒61‒FS‒2018‒20R2），执照有效期为两年。自 2023 年 9 月 1 日起各执照持有人应在执照有效期期满前 90 天内向局方申请重新颁发执照。对于执照申请人，应出示在执照有效期期满前 24 个日历月内符合局方要求的无人机云交换系统电子经历记录本上的 100h 飞行经历时间。对于不满足飞行经历时间要求的，应通过执照中任一最高驾驶员等级对应的实践考试。2023 年 12 月 1 日起系统将停止执照有效期自动续期，未在有效期内进行上述操作的，将无法行使执照所赋予的相应权利。

无人机执照续期需登录中国民航局民用无人驾驶航空器综合管理平台（UOM，系统地址：https://uom.caac.gov.cn/），如图 1‒2 所示，通过"首页—操作指南—操控员资质—05 执照签注操作说明"进行相应操作。

图 1‒2　民用无人驾驶航空器综合管理平台（UOM）

第四节　CAAC 无人机执照考试简介

一、 CAAC 执照考试制度框架

民航局飞行标准司（以下简称"飞标司"）督导建立服务方委员会（以下简称"委员会"），并通过委员会管理考试的组织和实施工作。考点采取清单制向公众公布并由飞标司管理，考试员由飞标司直接聘任和解聘。考点负责处理个人用户报名并提供相应咨询服务，协助报名用户对接 UOM 考试系统，在服务方的监督和支持下具体组织实施考试，包括场地和空域协调、维护考试秩序和协助处理违规情况等。

考试管理服务提供方制度框架如图 1-3 所示。

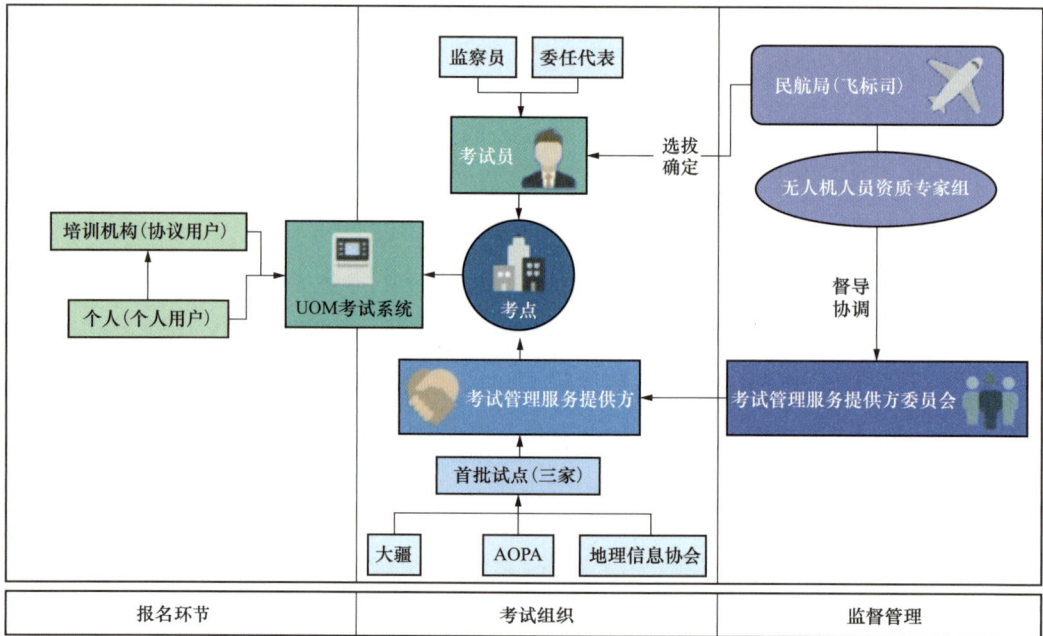

图 1-3　考试管理服务提供方制度框架

二、 CAAC 执照考试流程及科目

学员在进行 CAAC 执照考试之前，需通过培训机构提前一周左右时间报名。报名时需提交个人相关信息并确认考试的无人机类型和级别。考试当天需先进行理论考试，待

成绩合格后，方可进行实操考试。部分类型和级别的执照还涉及地面站航线规划和口试等相关内容。其中理论成绩有效期两年，在理论成绩合格后两年内，若学员考取 CAAC 执照，则只需进行实操考试即可。实操成绩有效期两个月，若学员所考执照涉及多个实操科目，则需在两个月内全部完成并通过，否则需重新参与全部实操科目的考试。理论和实操考试全部通过后，约一个月可在 UOM 官网查阅到本人执照。

三、　CAAC 执照考试地点及时间查询

中国民航局在安徽省授权的无人机执照考点共有 2 个，安徽 01 考点理论考试地址位于合肥市经开区习友路 5999 号清华大学合肥公共安全研究院 3 号楼 4 楼，实践考试地址位于合肥市牛角大圩（牧场路与黍园路交叉路口），理论考试日期为每月的 28 号，实践考试日期为每月的 29 号。安徽 02 考点理论考试地址位于合肥市肥西县繁华西路 590 号送变电培训中心，实践考试地址位于合肥市金寨南路 1070 号送变电工业园，理论考试日期为每月的 13 号，实践考试日期为每月的 14 号。其他省份考试地点及时间可登录中国民航局 UOM 平台（系统地址：https://uom.caac.gov.cn/），通过"首页—信息查询—考试地点及时间查询"进行查询。

CACC 执照考试地点及时间查询如图 1-4 所示。

图 1-4　CACC 执照考试地点及时间查询

第五节　主流无人机操控员证书区分

目前社会上关于无人机操控员的证书主要有六类，分别是中国民航局（CAAC）无

人机执照、中国航空器拥有者及驾驶员协会（AOPA）民用无人机驾驶员合格证、大疆慧飞（UTC）无人机驾驶航空系统操作手合格证、中国航模协会（ASFC）无人机飞行员执照、中国民航飞行员协会（ChALPA）民用无人机操控员应用合格证及电力行业无人机巡检作业人员专业能力证书（CEC）。

一、 CAAC 无人机执照

CAAC 无人机执照是以上六种证书里含金量和权威性最高的执照，是直接由中国民用航空局来进行管理的。可以使用对应类别、级别的无人机进行商业飞行，可以作为向空军及航管部门申请飞行计划时的人员证照凭证。

CAAC 无人机执照示意图如图 1－5 所示。

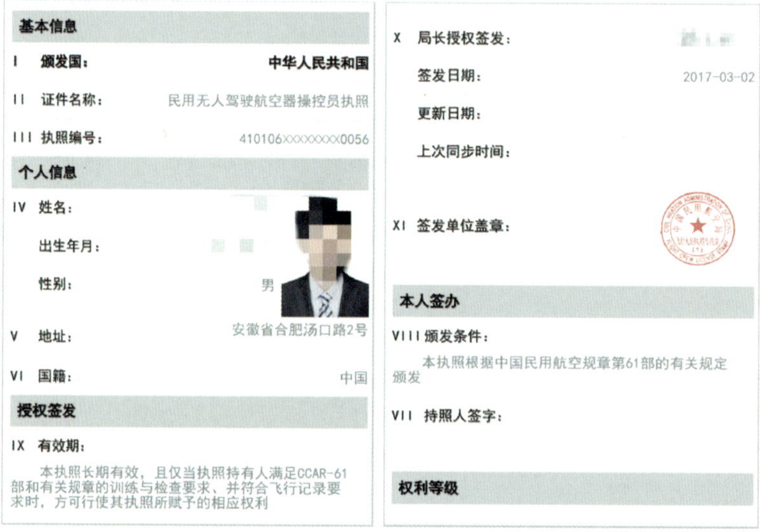
基本信息
I 颁发国： 中华人民共和国
II 证件名称： 民用无人驾驶航空器操控员执照
III 执照编号： 410106XXXXXXXX0056
个人信息
IV 姓名：
出生年月：
性别： 男
V 地址： 安徽省合肥汤口路2号
VI 国籍： 中国
授权签发
IX 有效期：
本执照长期有效，且仅当执照持有人满足CCAR-61部和有关规章的训练与检查要求、并符合飞行记录要求时，方可行使其执照所赋予的相应权利
X 局长授权签发：
签发日期： 2017-03-02
更新日期：
上次同步时间：
XI 签发单位盖章：
本人签办
VIII 颁发条件：
本执照根据中国民用航空规章第61部的有关规定颁发
VII 持照人签字：
权利等级

图 1－5 CAAC 无人机执照示意图

CAAC 无人机执照是直接记录在中国民航局民用无人驾驶航空器综合管理平台（UOM）中的，是电子执照，在电脑、手机上可随时查看。主要级别有多旋翼驾驶员、多旋翼机长、垂起固定翼机长、固定翼机长、教员等。通过 CAAC 无人机执照考试后，可免试增发 AOPA 的《民用无人驾驶航空器系统驾驶员合格证》和 ChALPA 的《民用无人机操作员应用合格证》。

二、 AOPA 民用无人机驾驶员合格证

AOPA 民用无人机驾驶员合格证含金量和权威性仅次于 CAAC 无人机执照，也是

目前最容易与 CAAC 无人机执照混淆的证书。自 2018 年 9 月 1 日起，民航局授权行业协会颁发的有效的无人机操控员合格证已自动转换为民航局颁发的电子执照，原合格证所载明的权利一并转移至该电子执照。

三、　UTC 无人机驾驶航空系统操作手合格证

UTC 无人机驾驶航空系统操作手合格证由大疆创新科技有限公司（DJI）与中国航空运输协会通用航空分会（CATAC）联合推出的行业应用证书。证书按照应用领域分为航拍、巡检、植保、测绘、安防五个类别。

UTC 无人机驾驶航空系统操作手合格证（航拍）是针对广大航拍爱好者推出的无人机驾驶航空系统操作手合格证，持证人员需掌握基础的飞行操作与航拍手法、航拍摄影参数设置、航拍摄影基础理论及创造性航拍方法等基本技能。

UTC 无人机驾驶航空系统操作手合格证（航拍）示意图如图 1-6 所示。

图 1-6　UTC 无人机驾驶航空系统操作手合格证（航拍）示意图

UTC 无人机驾驶航空系统操作手合格证（巡检）是针对电力行业用户推出的无人机驾驶航空系统操作手合格证，持证人员需掌握多旋翼无人机飞行器在电力巡检中的使用技巧以及应急处置、大疆系列飞行器的使用与维护、常见线路缺陷以及各部位（绝缘子、跳线、导线等）巡检方法、日常及故障巡检操作标准方法及应用等基本技能。

UTC 无人机驾驶航空系统操作手合格证（巡检）示意图如图 1-7 所示。

UTC 无人机驾驶航空系统操作手合格证（植保）是针对农业植保行业用户推出的无人机驾驶航空系统操作手合格证，持证人员需掌握大疆系列植保无人机综合作业、植保无人机的维护与保养、农药的基本知识以及常见的病虫草害等基本技能。

UTC 无人机驾驶航空系统操作手合格证（植保）示意图如图 1-8 所示。

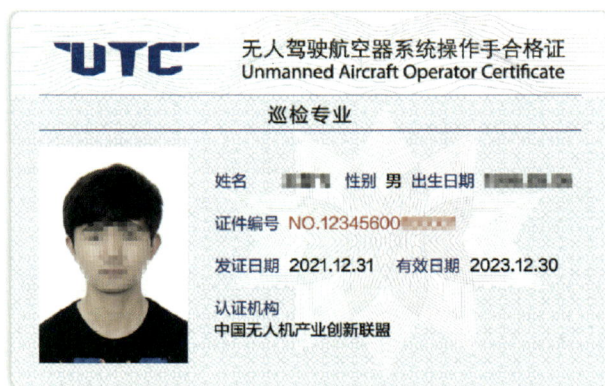

图1-7　UTC无人机驾驶航空系统操作手合格证（巡检）示意图

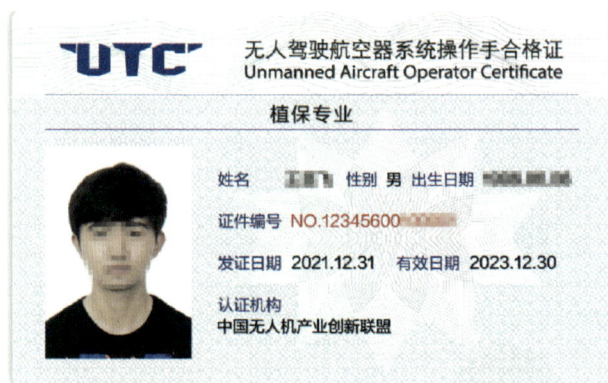

图1-8　UTC无人机驾驶航空系统操作手合格证（植保）示意图

　　UTC无人机驾驶航空系统操作手合格证（测绘）是针对测绘行业用户推出的无人机驾驶航空系统操作手合格证，持证人员需从地理位置信息数据获取、处理、应用等各个环节，全方位掌握大疆航测技术。

　　UTC无人机驾驶航空系统操作手合格证（测绘）示意图如图1-9所示。

图1-9　UTC无人机驾驶航空系统操作手合格证（测绘）示意图

UTC无人机驾驶航空系统操作手合格证（安防）是针对维护公共安全行业用户推出的无人机驾驶航空系统操作手合格证，持证人员需掌握多旋翼飞行器飞行原理、无人机动力系统、飞控系统与地面控制站、航空气象知识、民航法规、安全飞行、空地协同、无人机侦查、警务应用、任务规划、无人机反制、法律法规等基本知识及技能。

UTC无人机驾驶航空系统操作手合格证（安防）示意图如图1-10所示。

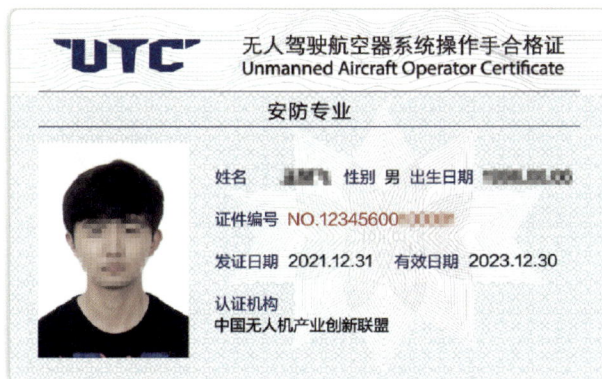

图1-10　UTC无人机驾驶航空系统操作手合格证（安防）示意图

UTC无人机驾驶航空系统操作手合格证主要针对行业应用服务，仅适用于大疆公司系列无人机及证书对应行业，不适用于其他公司各系列无人机及跨专业应用。2023年5月1日前，证书由中国航空运输协会通用委员认证颁发；2023年5月1日后，证书由中国无人机产业创新联盟及相应行业组织合作认证颁发。

四、 ASFC无人机飞行员执照

《遥控航空模型飞行员执照》（ASFC无人机飞行员执照）由中国航空运动协会（Aero Sports Federation of China）颁发，是一种航空模型运动员资格证书，也是参加国际航空联合会举办的赛事所需的会员证。执照按照机型分为遥控固定翼模型（代码：A类）、遥控直升机模型（代码：C类）及遥控多旋翼飞行器模型（代码：X类）三个类别；按照等级分为八级、七级、六级、五级、四级、三级、二级、一级、特级，共九个级别，八级最低，特级最高。

ASFC无人机飞行员执照示意图如图1-11所示。

ASFC无人机飞行员执照适合无人机和航模爱好者操作7kg以下无人机考取，是对航模技术无人机技术的评定。此外，ASFC执照仅限于无人机体育竞赛，不能用作商业活动。

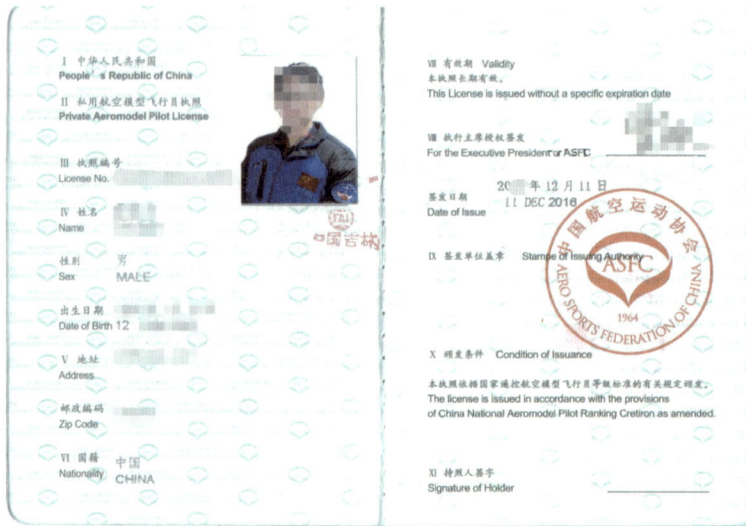

图 1-11　ASFC 无人机飞行员执照示意图

五、　ChALPA 民用无人机操控员应用合格证

《民用无人机驾驶员资格证书》由中国民航飞行员协会（China Airline Pilots Association）颁发，是由民航局授权行业协会颁发的现行有效的无人机驾驶员资格证书。ChALPA 无人机合格证分为视距内驾驶员、超视距驾驶员、教员三种；机型分多旋翼、固定翼、垂直起降固定翼、直升机等。证书应用行业分别涵盖飞行、植保、物流、航拍、巡检、安防、测绘。

ChALPA 民用无人机操控员应用合格证如图 1-12 和图 1-13 所示。

图 1-12　ChALPA 民用无人机操控员应用合格证（正面）

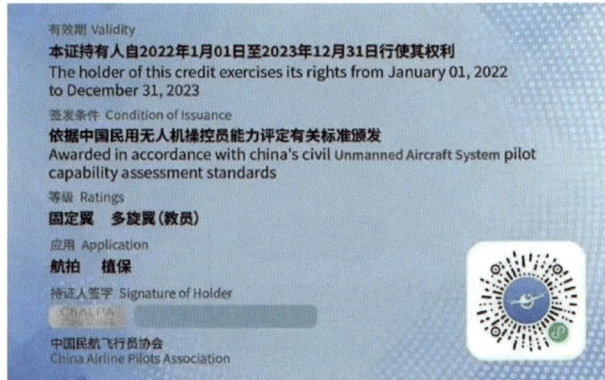

图 1-13　ChALPA 民用无人机操控员应用合格证（正面）

ChALPA 民用无人机操作员应用合格证可以使用对应类别、级别的无人机按照对应的应用类别进行商业飞行，持证者拥有申报航线以及审批空域的权利。

六、　CEC 证书

CEC 证书由中国电力企业联合会（China Electricity Council）颁发，是应用于电力行业无人机巡检作业人员专业能力评价的特殊工种证书。证书依据电力行业设备类型分为输电、变电、配电三专业，并根据难易程度分为Ⅰ（初）级、Ⅱ（中）级、Ⅲ（高）级三个等级。

CEC 证书示意图如图 1-14 所示。

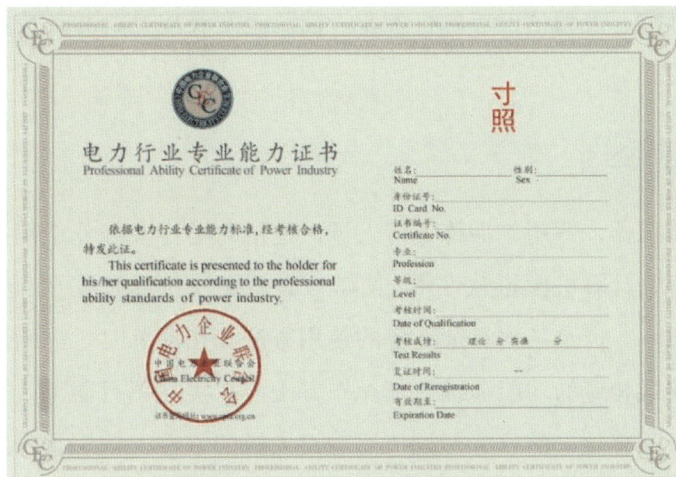

图 1-14　CEC 证书示意图

CEC 证书仅适用于电力行业，应用于电力设备（输电、配电、变电）无人机巡检作业。

第二章

飞行模拟器基础训练

第一节 模拟器概述

一、无人机简述

无人驾驶飞机简称"无人机"（unmanned aerial vehicle，UAV），是利用无线电遥控设备和自备的程序控制装置操纵的不载人飞行器。无人机实际上是无人驾驶飞行器的统称，从技术角度定义可以分为：无人固定翼飞机、无人垂直起降飞机、无人飞艇、无人直升机、无人多旋翼飞行器、无人伞翼机等，与载人飞机相比，无人机具有体积小、造价低、使用方便等优点。无人机的用途广泛，在警用、城市管理、农业、地质、气象、电力、抢险救灾、视频拍摄等各行各业，都已经发展成熟，并形成相对应的一套完整规范操作流程。

二、模拟器简述

无人机飞行模拟器，适用于训练飞行人员，是帮助学习者培养正确操作无人机的打舵方向和打舵时机的计算机模拟软件❶，使学习者掌握飞行驾驶技术和领航及各行业的专业应用等相关技术，以及某些复杂设备的使用方法。在训练时，电脑上就可以操纵飞行器模拟飞行，完成相应的功能训练，其操作方法与在实际飞行器上一样，并能体验到飞行器在空中飞行的感觉；而且练习模拟器对无人机的掌控、认识帮助特别大，当在模拟器上将相关专业功能训练练习熟练后，对接下来的实际操作也会熟能生巧，才能打下坚实基础，保障后面的实操训练中不会发生危险。无人机飞行模拟器主要组成部分有

---

❶ 本书模拟器以凤凰模拟器为例进行说明。

3.5mm 音频线、转接线、加密狗、遥控器等。

三、模拟器主页面

当模拟器开始运行后，可以看到当前选择的飞行地点和模型的模拟窗口；主菜单栏位于窗口顶部的主菜单栏，在移动鼠标时出现；移动鼠标时，可以看到屏幕左侧出现的任何活动工具栏；任何活动的小部件可以用鼠标光标移动和调整大小。总菜单页面如图2-1所示，模拟器主页面如图2-2所示。

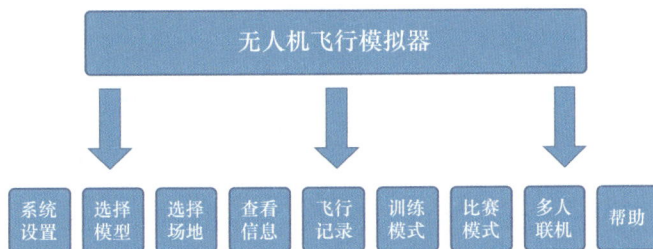

图 2-1　总菜单页面

图 2-2　模拟器主页面

模拟器的几乎所有功能都可以通过主菜单栏访问，主菜单栏位于主窗口的顶部，当移动鼠标时会自动出现，如果让鼠标静止不动超过几秒钟，而没有把鼠标放在菜单栏上，那么菜单就会自动隐藏自己，以显示模拟的一个完整而整洁的视图。用鼠标光标突出显示一个菜单项，然后单击左键以打开它。然后，将看到一个带有其他选项的子菜单。以相同的方式突出显示和选择这些内容将访问进一步的子菜单或对话框。退出时红色出口按钮位于主菜单栏的最左边，并提供了一个快速关闭模拟器的方式。

1. 系统设置

该菜单栏为使用者提供了飞手在模拟上进行训练时，更好地针对各自操作习惯来进行相对应的通道及舵向的设置。系统设置菜单页面如图 2-3 所示。

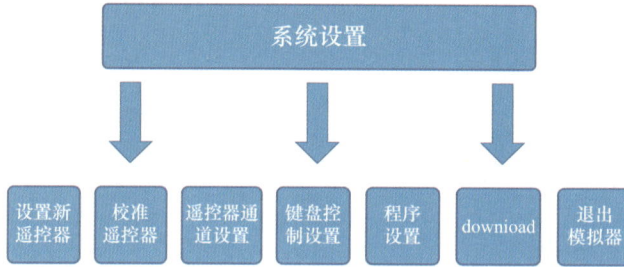

图 2-3　系统设置菜单页面

系统设置主要在进行模拟飞行前的各项调整，如遥控器及键盘控制调整等。系统设置菜单栏如图 2-4 所示。

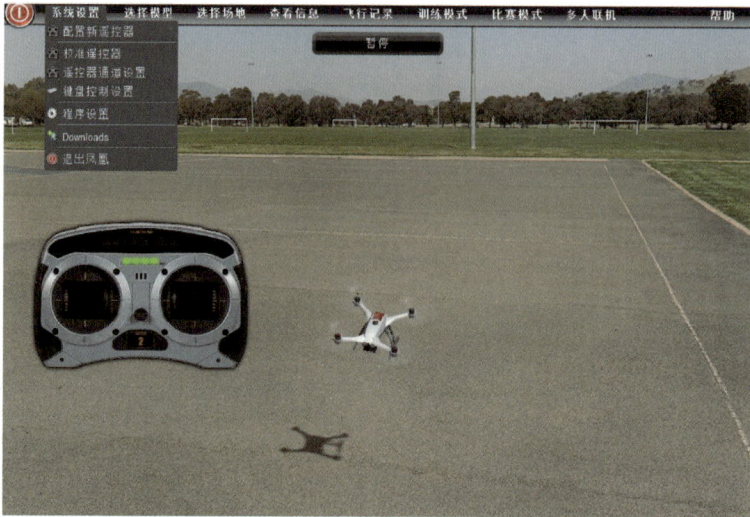

图 2-4　系统设置菜单栏

设置新遥控器，接入新遥控时，需要重新进行设置。设置新遥控器如图 2-5 所示。

校准遥控器能够更好地调整最佳模拟效果或适合自己的操作方式。校准遥控器如图 2-6 所示。

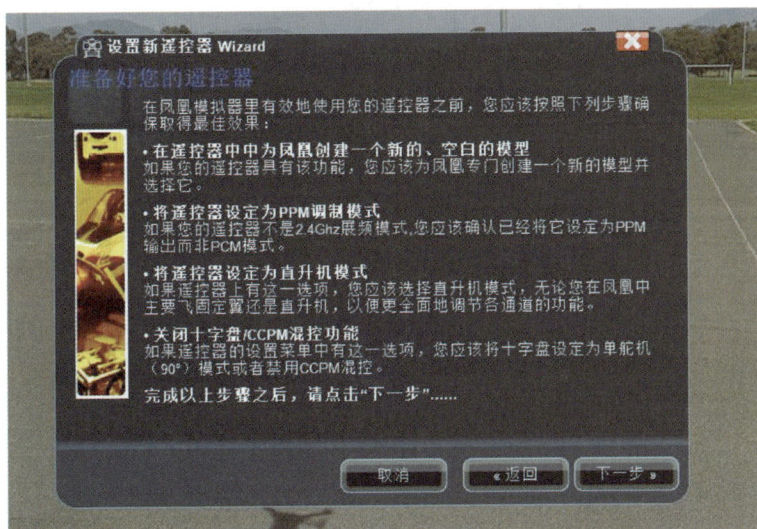

图 2-5　设置新遥控器

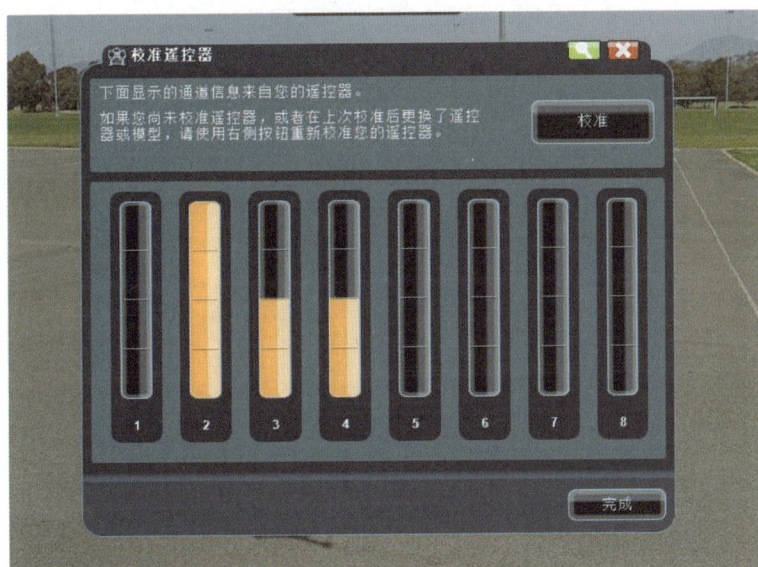

图 2-6　校准遥控器

　　遥控器通道设置能够进一步提升学习质量、学习效果。遥控器通道设置如图 2-7 所示。

　　键盘控制设置调整应契合个人使用习惯，满足学习使用要求。键盘控制设置如图 2-8 所示。

图 2-7　遥控器通道设置

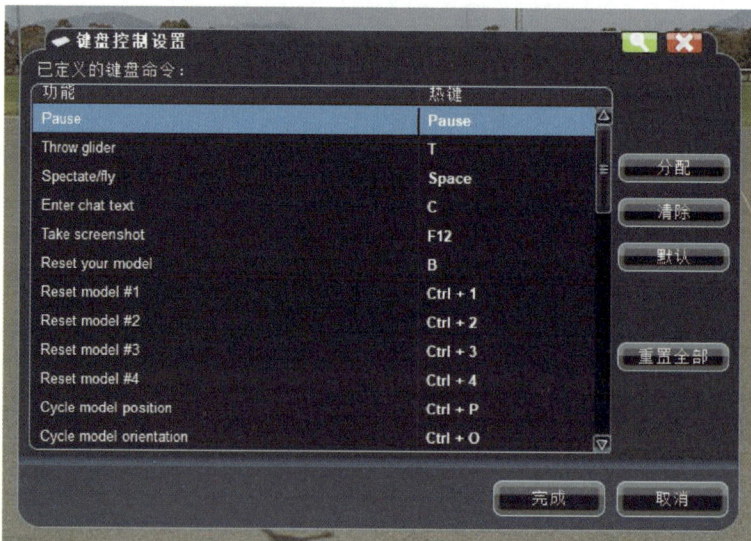

图 2-8　键盘控制设置

　　程序设置，能更进一步优化学习效果，加强模拟器使用效率。程序设置如图 2-9 所示。

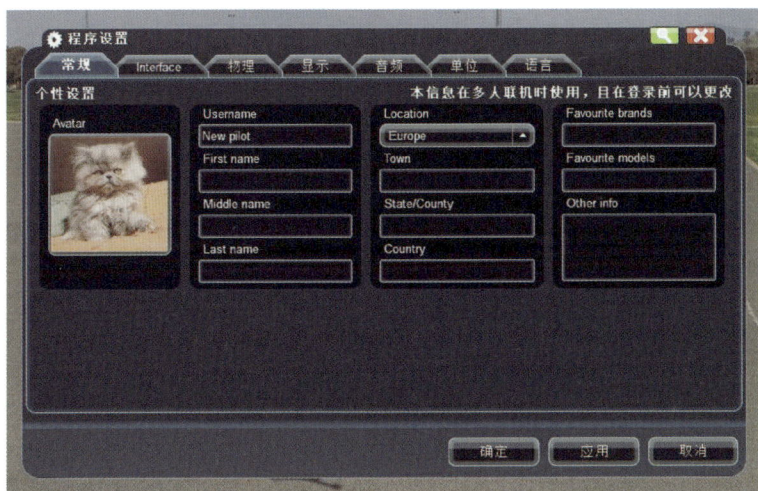

图 2-9　程序设置

　　每次使用时应检查设备最新版本情况，保障产品服务处于最新状态。查看最新升级如图 2-10 所示。

图 2-10　查看最新升级

　　退出操作，在结束学习状态后，点击退出。退出模拟器如图 2-11 所示。

2. 选择模型

在选择模型菜单栏可以自由更换飞机模型，编辑飞机模型，为逼近真实效果，加大难度，可以设置相应故障率及起飞方式等其他操作。选择模型菜单页面如图2-12所示。

图2-11　退出模拟器

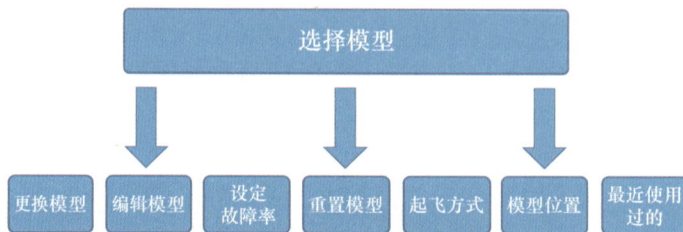

图2-12　选择模型菜单页面

选择模型菜单栏如图2-13所示，可以选择喜欢的飞机、起飞方式，并可以根据自身技术设置故障率，提高操作难度，提升自身水平等。

图2-13　选择模型菜单栏

更换模型中为几种不同类型的机型，可以根据实际需求进行选择。更换模型如图2-14～图2-17所示。

图2-14　更换模型（1）

图2-15　更换模型（2）

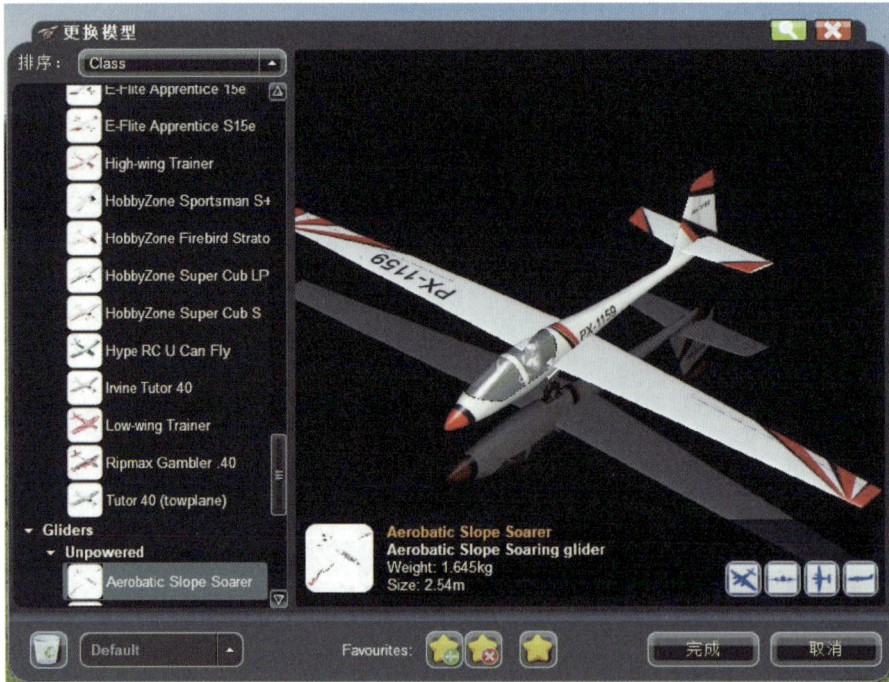

图 2-16 更换模型（3）

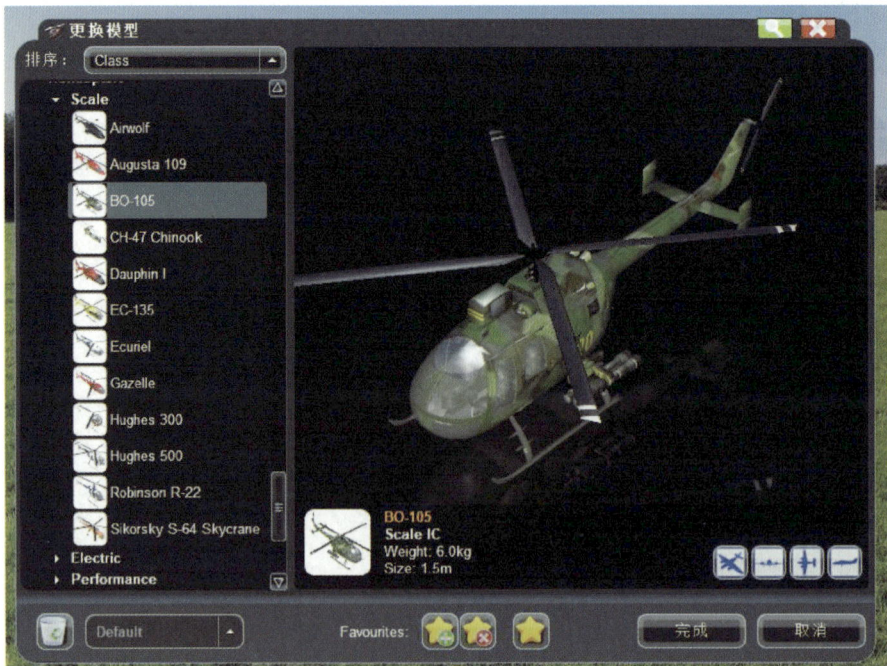

图 2-17 更换模型（4）

编辑模型是选定飞机模型后，可以根据实际需求进一步设置调整。编辑模型如图 2-18～图 2-21 所示。

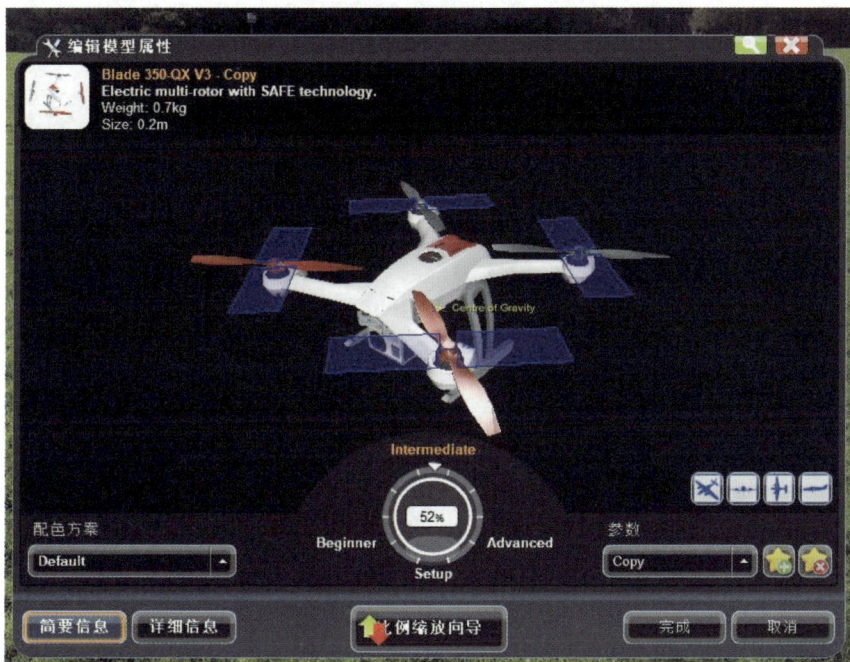

图 2-18　编辑模型（1）

图 2-19　编辑模型（2）

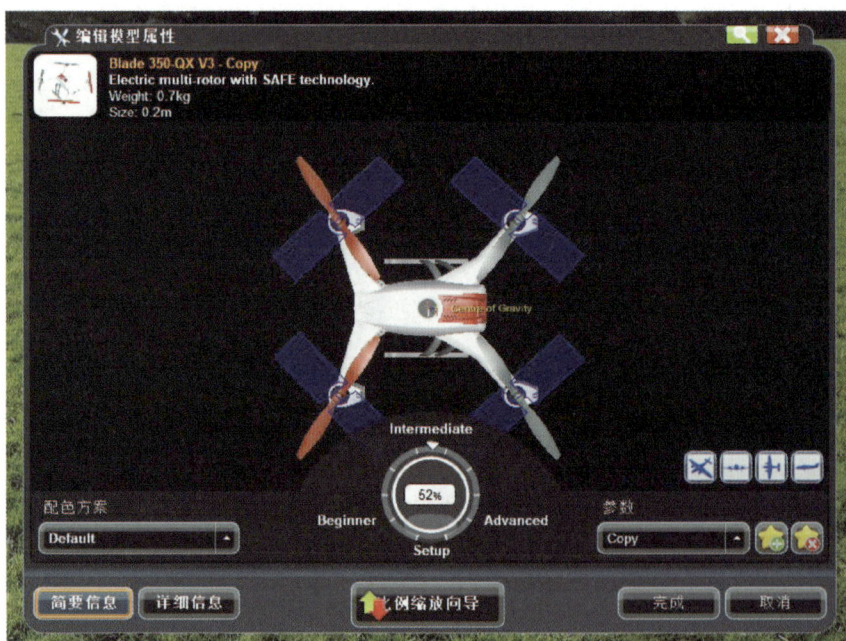

图 2-20　编辑模型（3）

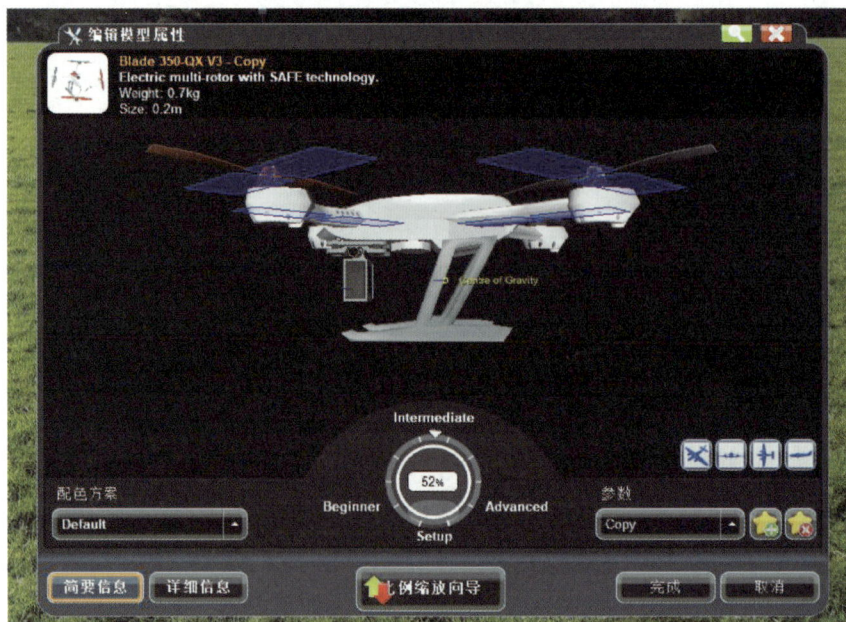

图 2-21　编辑模型（4）

　　根据自身的操控技术，来进一步提高操作技术要求，可以设置故障率，提升自己的操控技术，达到学习要求或标准。设定故障率如图 2-22 和图 2-23 所示。

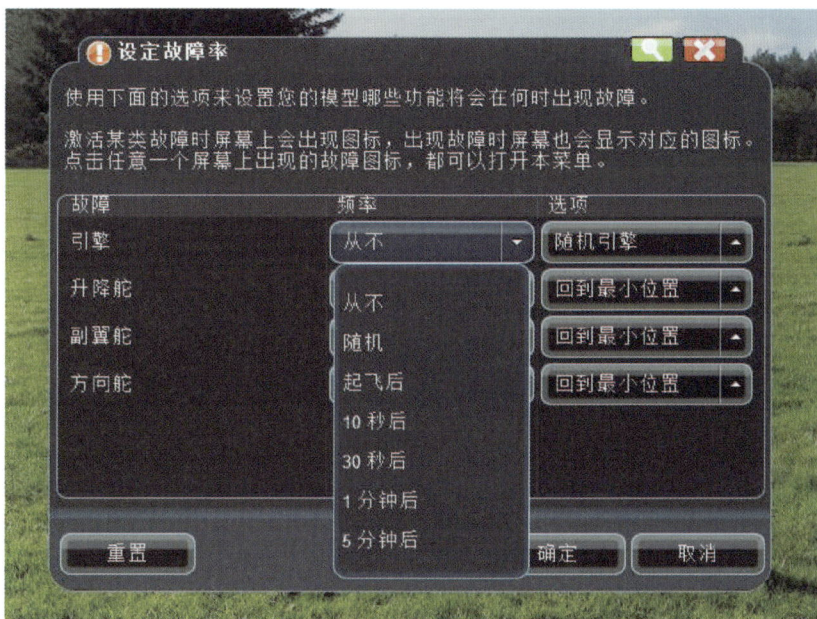

图 2－22　设定故障率（1）

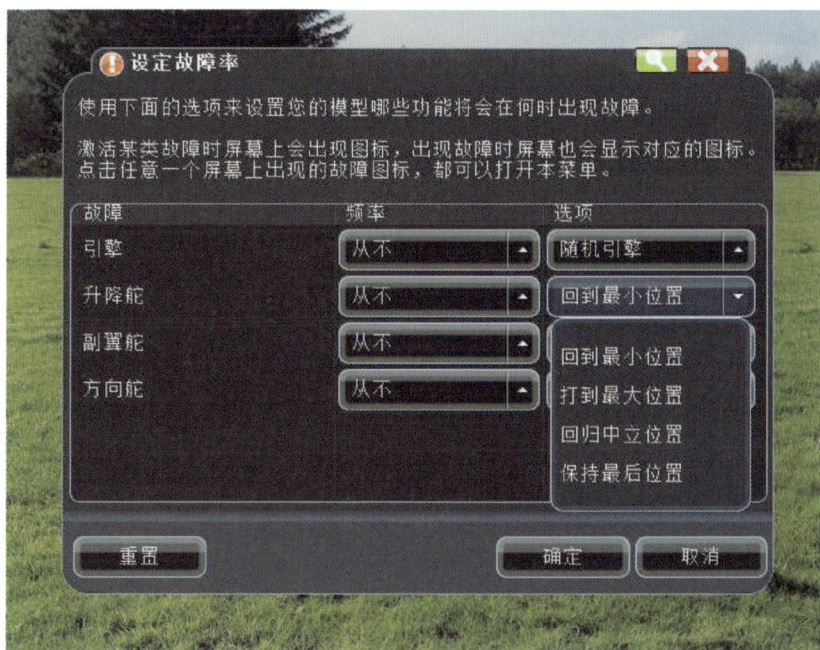

图 2－23　设定故障率（2）

　　若想恢复该飞行模拟器对各类参数的初始化设置状态，可选择重置模型功能。重置模型如图 2－24 所示。

图 2-24 重置模型

　　不同的机型各自适用于不同的起飞方式或部分机型可适用于多种起飞方式，可根据学习进度、难度、质量进行相应调整。选择起飞方式如图 2-25 所示，起飞方式——自动如图 2-26 所示，起飞方式——地面起飞如图 2-27 所示，起飞方式——手动放飞如图 2-28 所示，起飞方式——牵引放飞如图 2-29 所示，起飞方式——自动起飞如图 2-30 所示，起飞方式——投掷模型如图 2-31 所示。

图 2-25 选择起飞方式

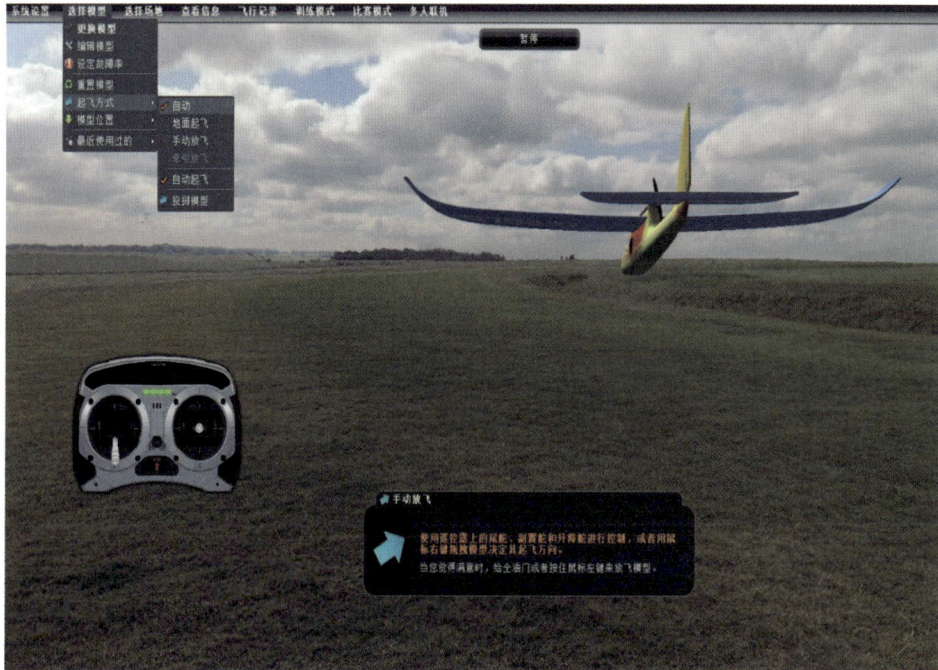

图 2-26　起飞方式——自动

图 2-27　起飞方式——地面起飞

图 2-28 起飞方式——手动放飞

图 2-29 起飞方式——牵引放飞

图 2 - 30　起飞方式——自动起飞

图 2 - 31　起飞方式——投掷模型

　　模型位置可以进行选中并标记、更改、保存、重置等功能修改。模型位置如图 2 - 32 所示。

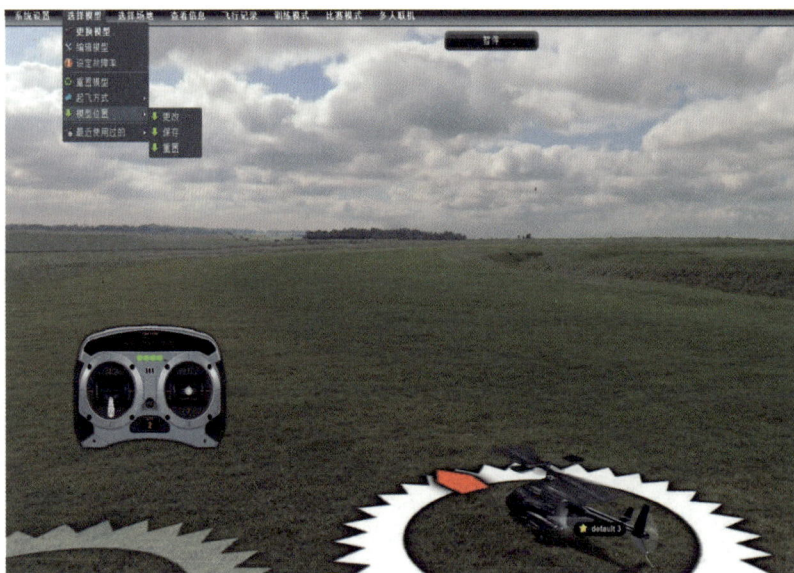

图 2 - 32　模型位置

在"最近使用过的"菜单里，能清楚看到已学习或已体验的机型种类，方便查找。"最近使用过的"菜单如图 2 - 33 所示。

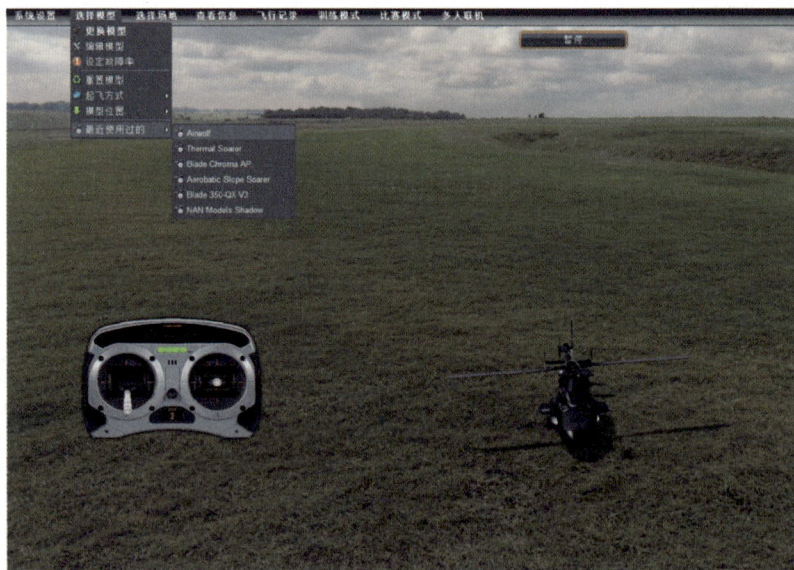

图 2 - 33　"最近使用过的"菜单（1）

3. 选择场地

在选择场地菜单栏可以自由更换飞行场地，为逼近真实效果，加大难度，可以设置相应场地天气及场地布局等其他操作。选择场地菜单页面如图 2 - 34 所示。

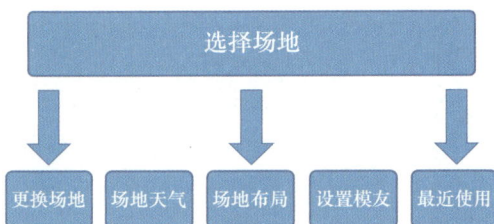

图 2-34　选择场地菜单页面

　　该系统场地类型种类繁杂，山川河流、沙漠雪地，相互结合，应有尽有，并还设置了三维场地场景，使学习时更真实。更换场地如图 2-35～图 2-40 所示。

图 2-35　更换场地（1）

图 2-36　更换场地（2）

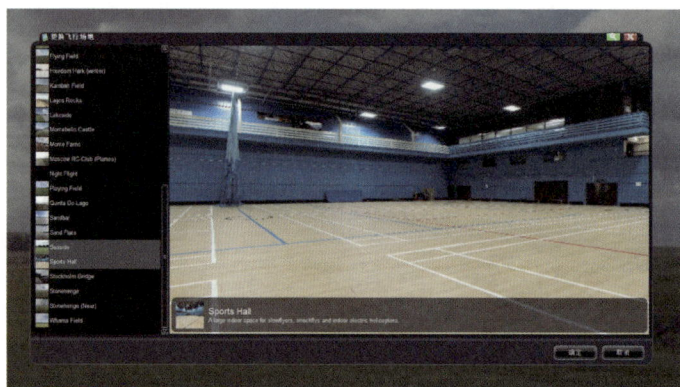

图 2-37　更换场地（3）

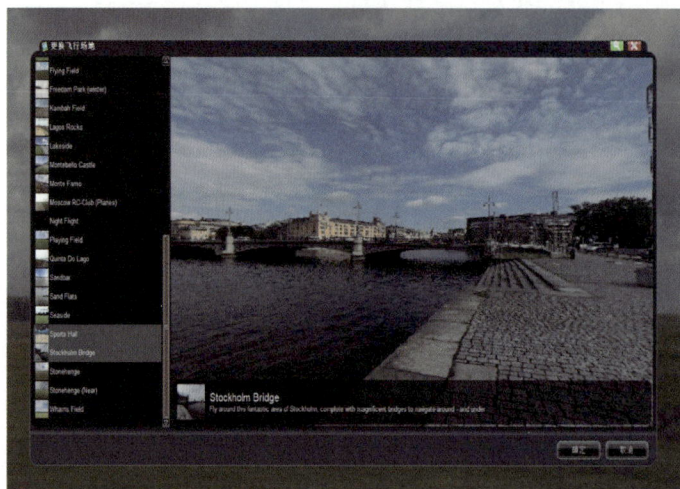

图 2-38　更换场地（4）

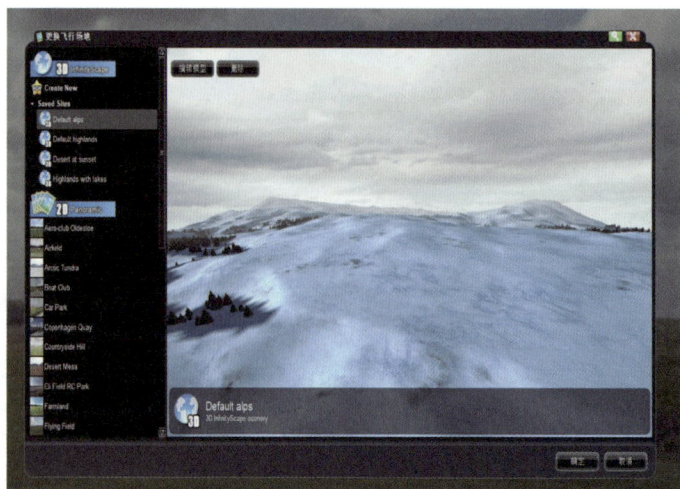

图 2-39　更换场地（5）

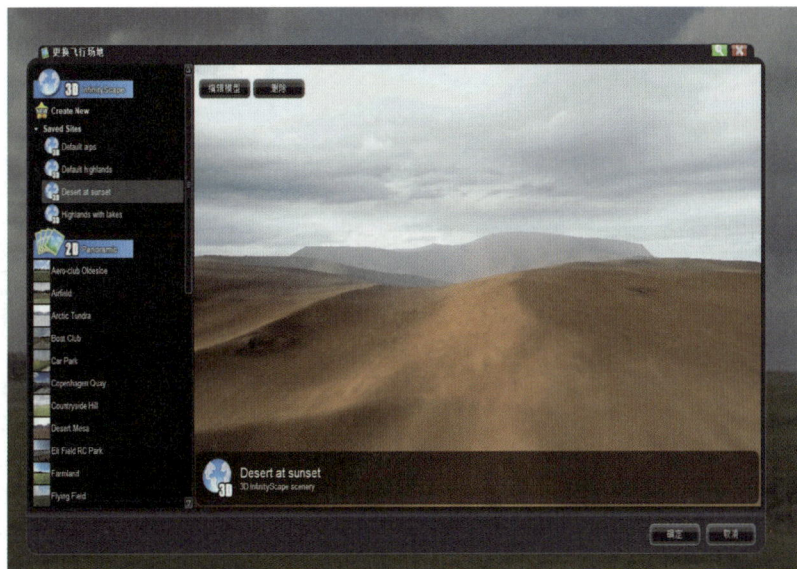

图 2-40　更换场地（6）

场地天气是为使学习环境栩栩如生，达到"呼风唤雨"的神奇效果。场地天气如图 2-41 所示。

图 2-41　场地天气

场地布局方面设置了目标降落、精准降落、F3C 方框、F3C 区域四个布局场景，可进一步提升学习质量。场地布局——目标降落如图 2-42 所示，场地布局——精准降落如图 2-43 所示，场地布局——F3C 方框如图 2-44 所示，场地布局——F3C 区域如图 2-45 所示。

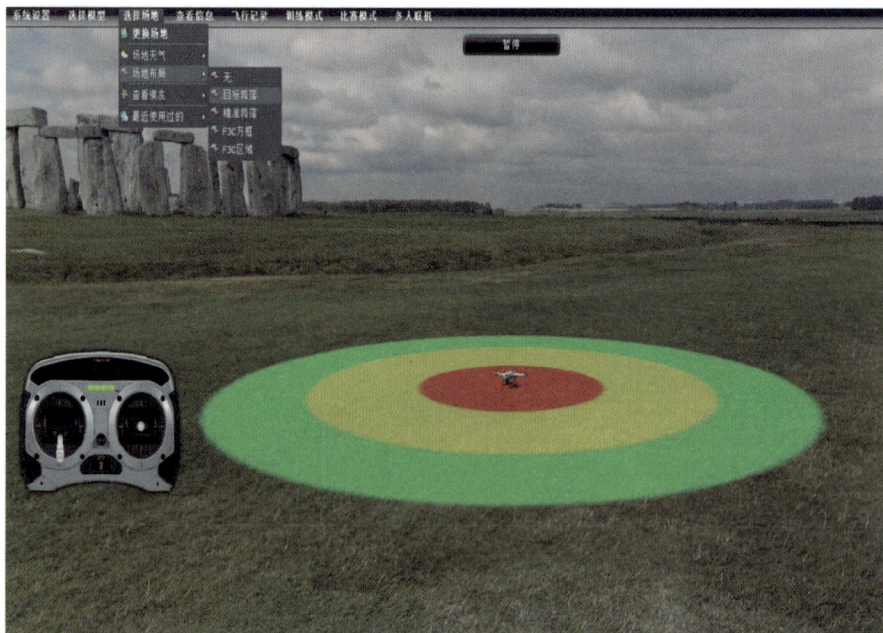

图 2-42　场地布局——目标降落

图 2-43　场地布局——精准降落

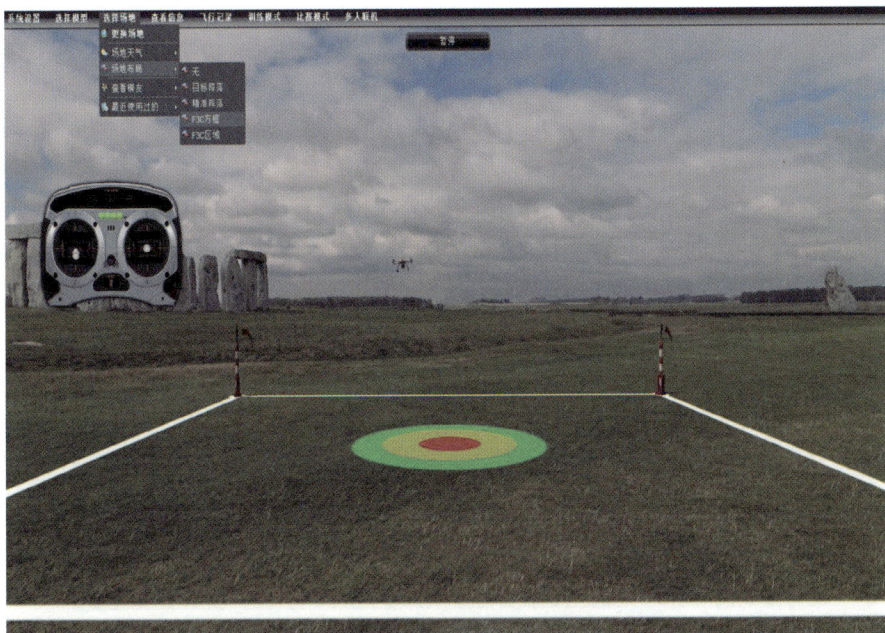

图 2-44　场地布局——F3C 方框

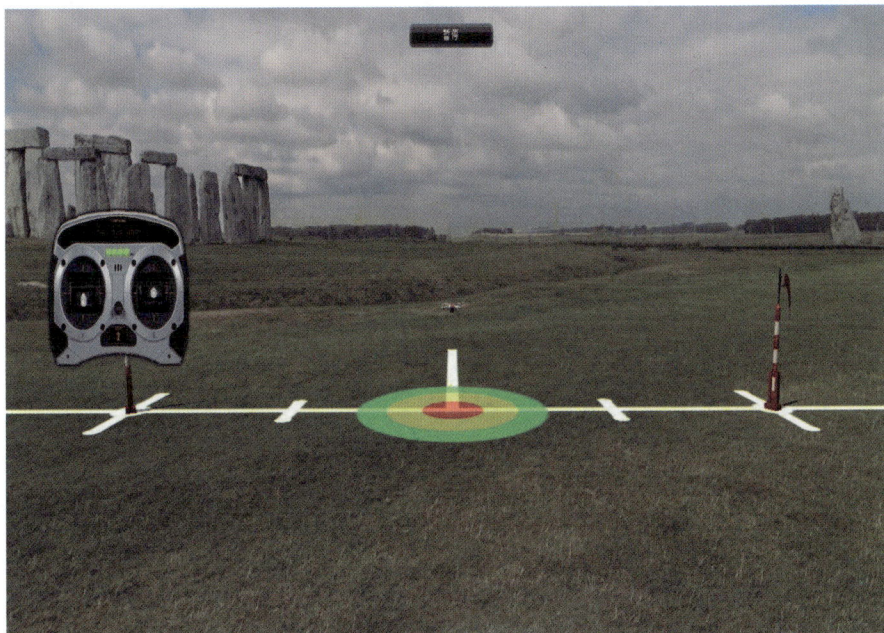

图 2-45　场地布局——F3C 区域

　　设置模友里面可以进行组队、联机学习，提升学习氛围。设置模友如图 2-46 所示。

图 2-46 设置模友

"最近使用过的"菜单能清楚看到自己已学习或已体验的场地场景、天气、布局等，方便查找。"最近使用过的"菜单如图 2-47 所示。

图 2-47 "最近使用过的"菜单（2）

4. 查看信息

查看信息可以进行摄像机视角、屏幕显示及工具条的编辑调整。查看信息菜单如图 2-48 和图 2-49 所示。

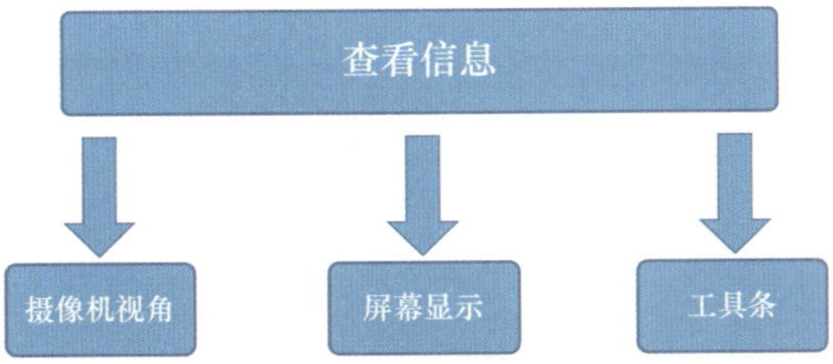

图 2-48 查看信息菜单（1）

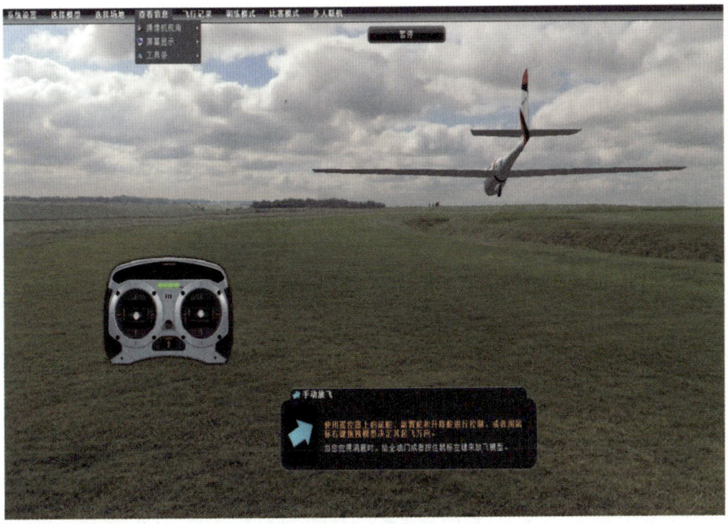

图 2-49 查看信息菜单（2）

摄像机视角是可以根据飞行习惯、飞机机型、场地布局找到适合自身的飞行视角来进行飞行训练。摄像机视角如图 2-50～图 2-55 所示。

图 2-50 摄像机视角（1）

图 2-51 摄像机视角（2）

图 2-52 摄像机视角（3）

图 2-53　摄像机视角（4）

图 2-54　摄像机视角（5）

图 2-55　摄像机视角（6）

　　屏幕显示种类繁多，可以根据相应条件选择部分位于飞行时的实时界面上，通过相关屏幕显示，及时了解飞行状态及飞行时的一些相关参数。屏幕显示如图 2-56~图 2-58 所示。

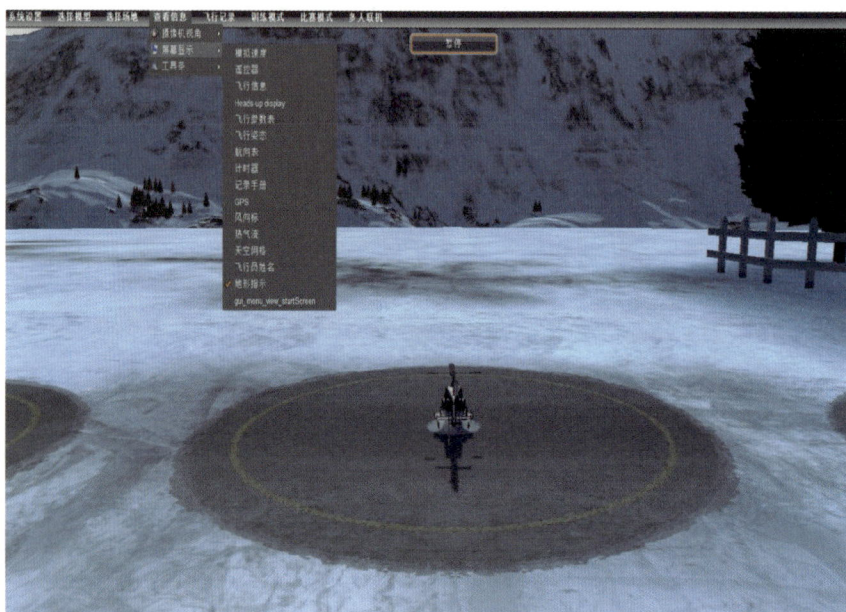

图 2-56　屏幕显示（1）

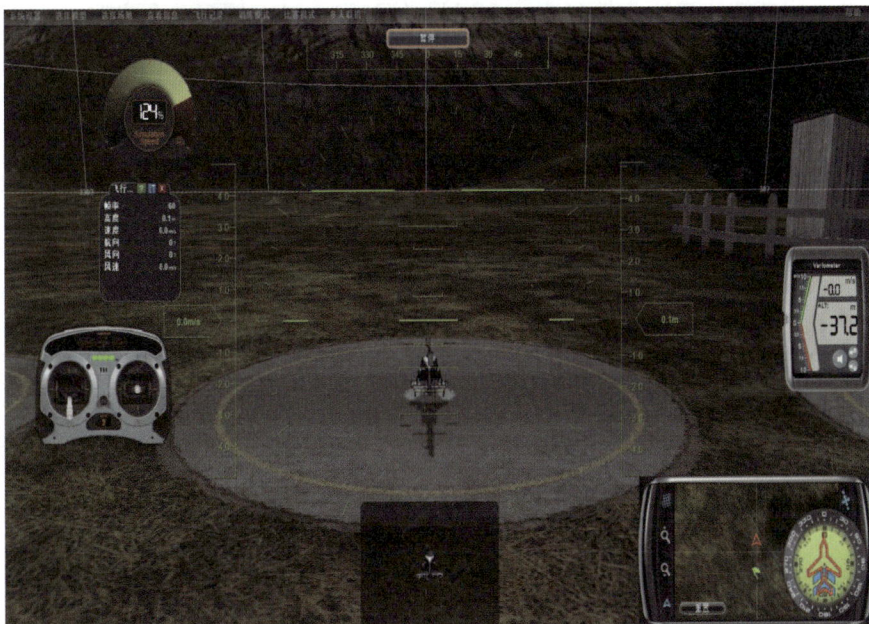

图 2-57　屏幕显示（2）

图 2-58　屏幕显示（3）

　　工具条可以进行添加自己的机型天气布局场景等一些的组合设置收藏及模友的信息记录等。工具条如图 2-59 所示。

图 2-59 工具条

5. 飞行记录

通过飞行记录,可以复盘整个飞行过程中的飞行状态及相关参数,进而可以判断学习质量的高低。飞行记录菜单如图 2-60 和图 2-61 所示。

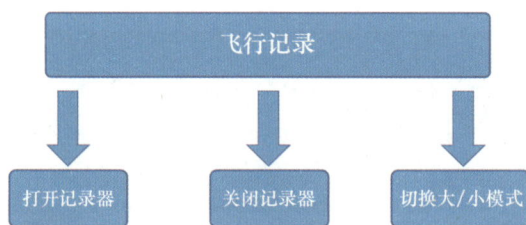

图 2-60 飞行记录菜单(1)

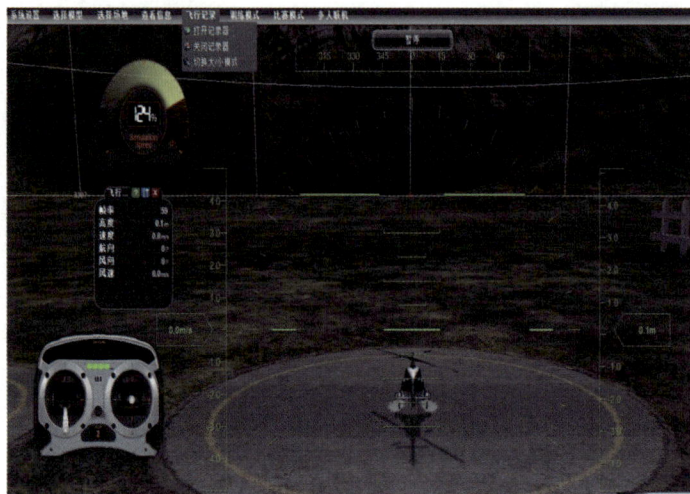

图 2-61 飞行记录菜单(2)

点击打开记录器时，系统就已进行该次模拟飞行情况的一个实时记录。打开记录器如图 2-62 所示。

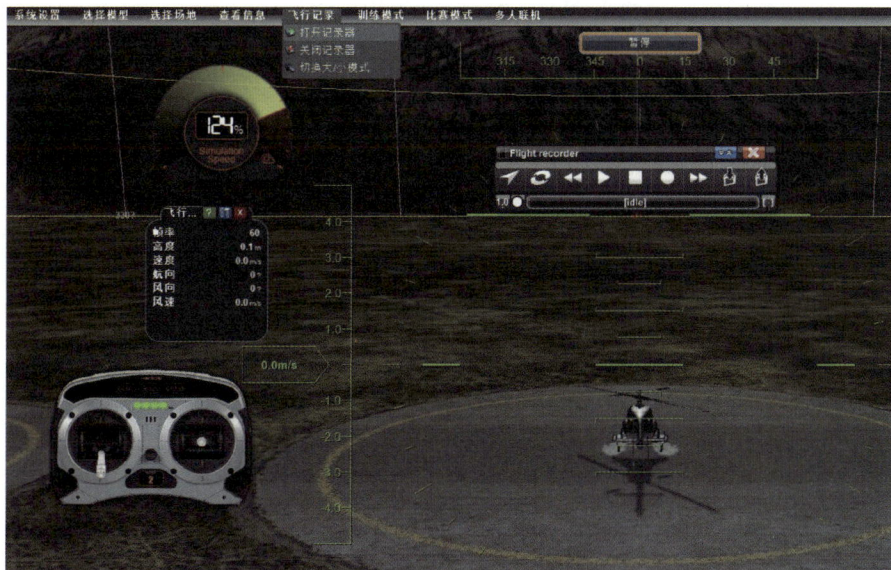

图 2-62 打开记录器

记录器操作可以进行播放过程中的暂停、快进等操作。记录器操作如图 2-63所示。

图 2-63 记录器操作

关闭记录器可以进行退出本次录制及播放。关闭记录器如图 2-64 所示。

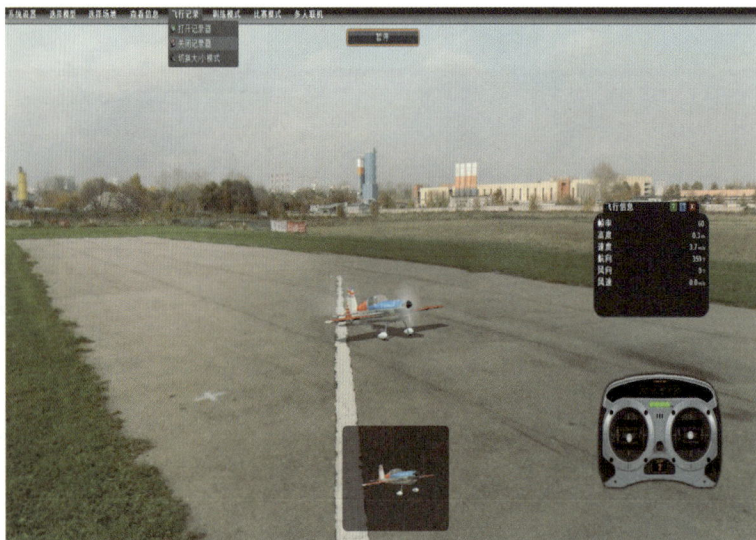

图 2-64 关闭记录器

切换大/小模式可以调整记录器的大小状态，不让其影响学习效果。切换大/小模式如图 2-65 所示。

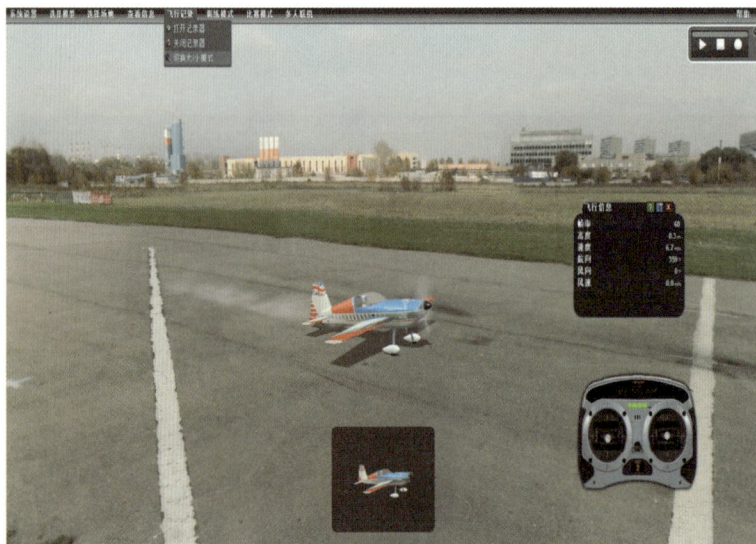

图 2-65 切换大/小模式

6. 训练模式

训练模式中有不同的飞行训练方法来提升学习质量。训练模式菜单如图 2-66 和图 2-67 所示。

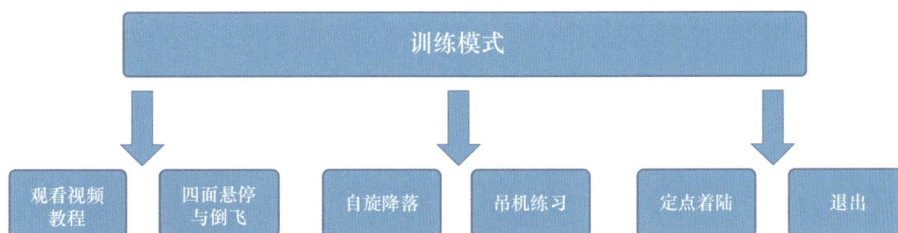

图 2-66　训练模式菜单（1）

图 2-67　训练模式菜单（2）

　　视频教程里有针对不同机型、场景、视角、布局、训练方法组合的实时教学视频，可以在学员训练前进行观看学习，提前熟悉相关操作。观看视频教程如图 2-68～图 2-70 所示。

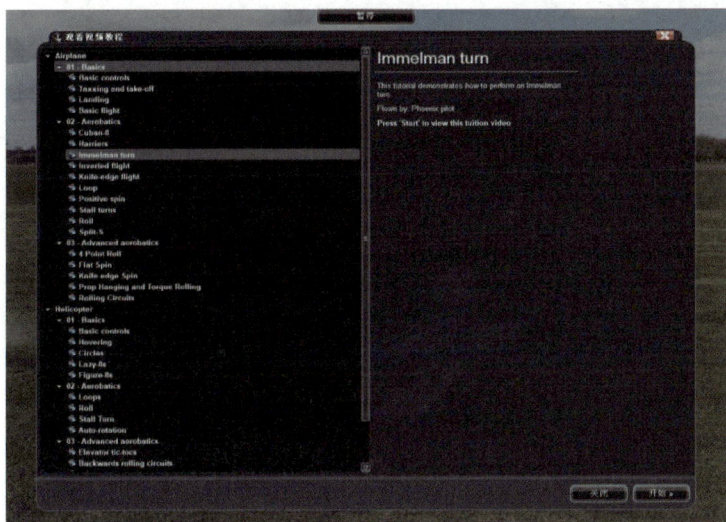

图 2-68　观看视频教程（1）

图 2-69 观看视频教程（2）

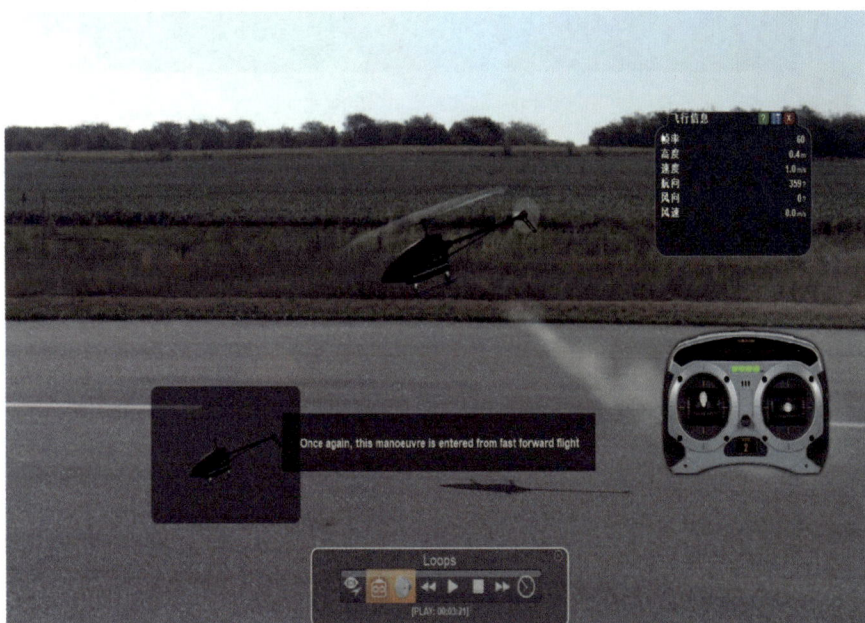

图 2-70 观看视频教程（3）

四面悬停与倒飞可以通过不同方向来进行操作训练，让学员熟悉培训操作时的各个角度。四面悬停与倒飞（后面）如图 2-71 所示，四面悬停与倒飞（前面）如图

2-72所示，四面悬停与倒飞（在左面）如图2-73所示，四面悬停与倒飞（在右面）如图2-74所示。

图2-71　四面悬停与倒飞（后面）

图2-72　四面悬停与倒飞（前面）

图 2-73　四面悬停与倒飞（在左面）

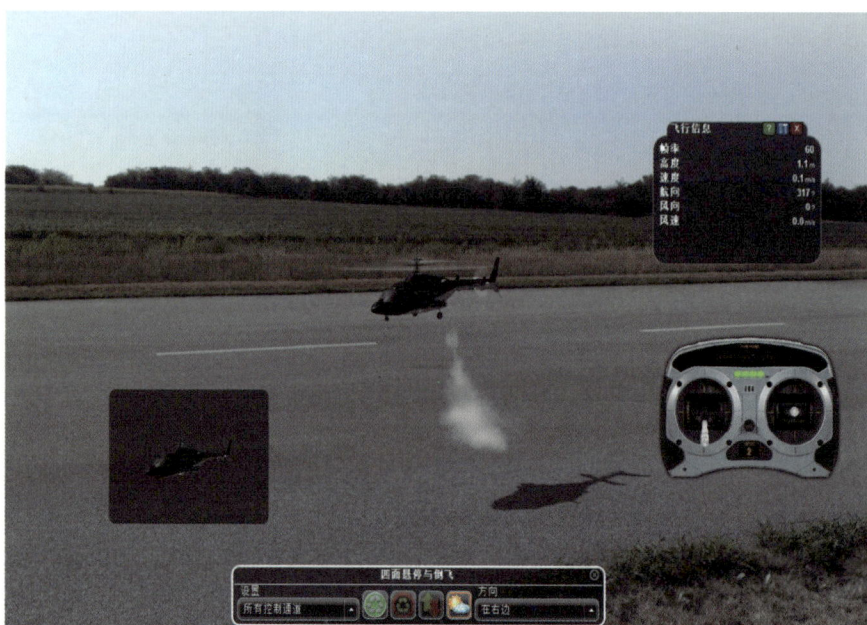

图 2-74　四面悬停与倒飞（在右面）

　　自旋降落是通过设置固定的降落高度，从左右侧不同视角进行学习操作。自旋降落（40m，在左侧）如图 2-75 所示，自旋降落（40m，在右侧）如图 2-76 所示，自旋降落（40m，从左侧，倒飞）如图 2-77 所示，自旋降落（40m，从右侧，倒飞）如图 2-78 所示。

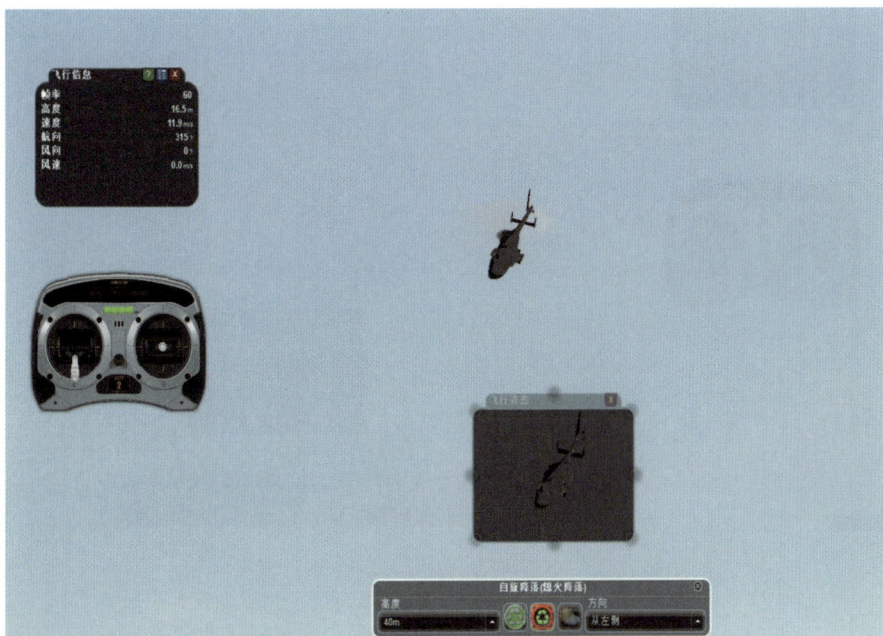

图 2-75　自旋降落（40m，在左侧）

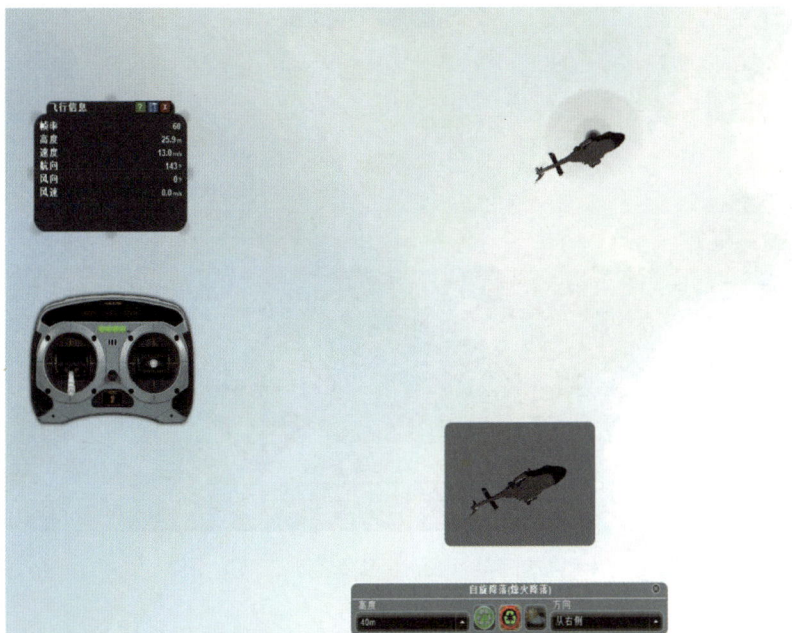

图 2-76　自旋降落（40m，在右侧）

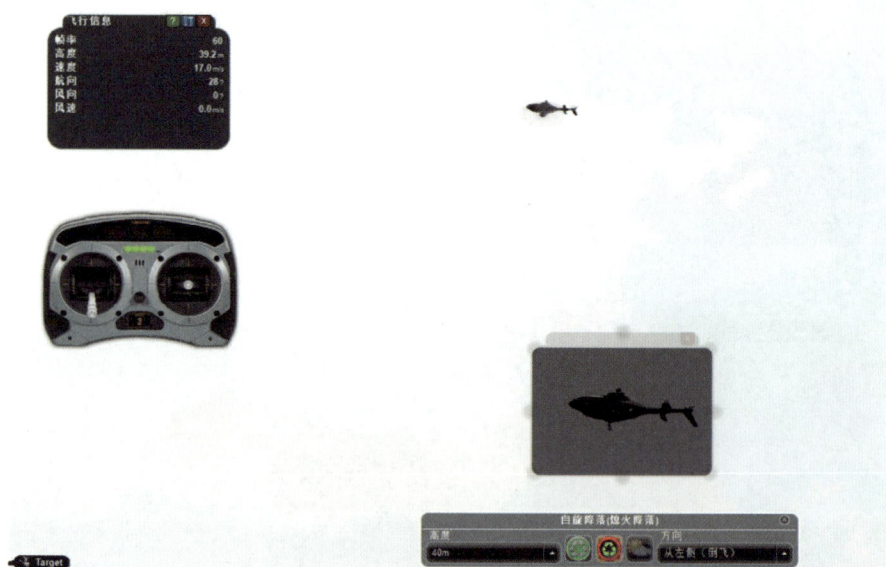

图 2-77 自旋降落（40m，从左侧，倒飞）

图 2-78 自旋降落（40m，从右侧，倒飞）

吊机练习是通过无人机在不同的飞行准备姿态下进行飞行训练的一种方法。吊机练习（后面）如图 2-79 所示，吊机练习（前面）如图 2-80 所示，吊机练习（在左面）

如图 2-81 所示，吊机练习（在右面）如图 2-82 所示。

图 2-79　吊机练习（后面）

图 2-80　吊机练习（前面）

图 2-81　吊机练习（在左面）

图 2-82　吊机练习（在右面）

　　精准降落是在设置特定高度在进行俯冲降落的过程，但在操作中保障把飞机停在地面上的绘制的图标位置。精准降落（1）如图 2‑83 所示，精准降落（2）如图 2‑84 所示。

图 2‑83　精准降落（1）

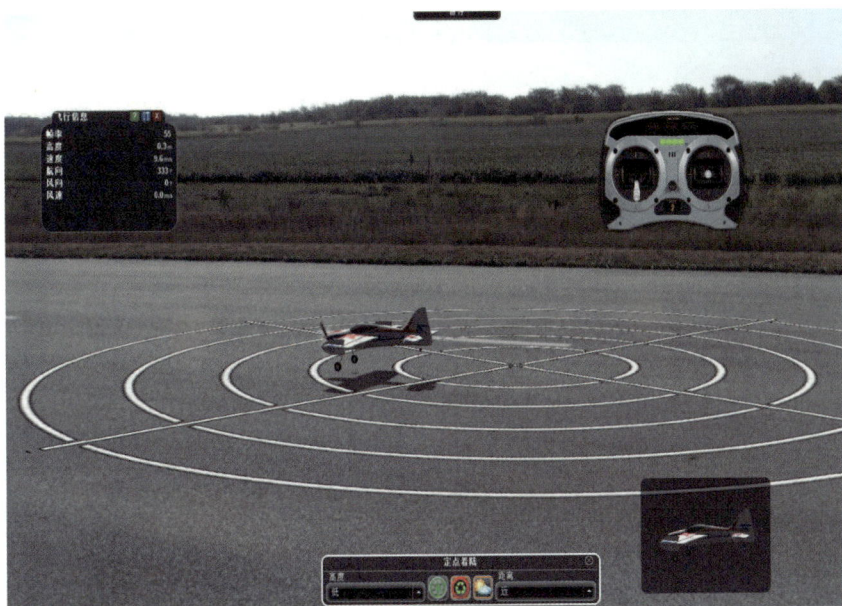

图 2‑84　精准降落（2）

退出训练是本科目或本次飞行训练完成后，点击即可退出。退出本次训练如图 2‑85 所示。

图 2-85 退出本次训练

7. 比赛模式

比赛模式是通过游戏的方式寓教于乐，来提高学习兴趣，提升学习质量。比赛模式菜单如图 2-86 所示和如图 2-87 所示。

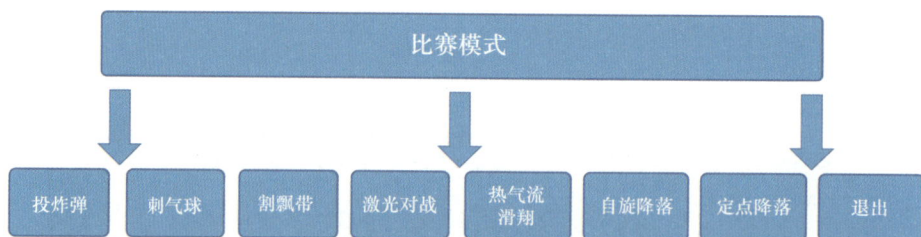

图 2-86 比赛模式菜单（1）

图 2-87 比赛模式菜单（2）

比赛模式（投炸弹）是飞机在飞行过程精准将炸弹投掷地面（海面）上的红色标记处的模式。比赛模式（投炸弹）如图2-88所示。

图2-88　比赛模式（投炸弹）

比赛模式（刺气球）是飞机在飞行过程利用机身精准刺中气球下方悬挂的红色标记处的模式。比赛模式（刺气球）如图2-89所示。

图2-89　比赛模式（刺气球）

比赛模式（割飘带）是飞机在飞行过程割断中另一架飞机机翼两侧悬挂的彩色飘带

的模式。比赛模式（割飘带）如图 2-90 所示。

图 2-90　比赛模式（割飘带）

比赛模式（激光对战）是飞机在飞行过程用激光射中另一架飞机的模式。比赛模式（激光对战）如图 2-91 所示。

图 2-91　比赛模式（激光对战）

比赛模式（热气流滑翔）是在限制特定通道下进行飞行过程的操控模式。比赛模式（热气流滑翔）如图 2-92 所示。

图 2-92　比赛模式（热气流滑翔）

　　自旋降落飞机在降落过程中精准降落在地面（海面）上的白色中心处。比赛模式（自旋降落）如图 2-93 所示。

图 2-93　比赛模式（自旋降落）

　　比赛模式（定点降落）是飞机在降落过程中精准降落在地面（海面）上的白色中心处。比赛模式（定点降落）如图 2-94 所示。

图 2-94 比赛模式（定点降落）

退出指本次游戏结束，退出游戏菜单。退出如图 2-95 所示。

图 2-95 退出

8. 多人联机

多人联机可以邀请附近或组织其他玩家一起进行训练、学习。多人联机如图 2-96 所示。

图 2-96　多人联机

第二节　对尾姿态悬停

对尾姿态悬停是机头朝向向前，机尾对着自己，当限制相关通道时，仅可执行单通道动作，默认日本手操作，左舵上推及上升，下推及下降，左推逆时针转，右推顺时针转；右舵上推向前，下推向后，左推往左，右推往右。对尾（仅升降舵）如图 2-97 所示，对尾（仅副翼）如图 2-98 所示，对尾全通道如图 2-99 和图 2-100 所示。

图 2-97　对尾（仅升降舵）

图 2-98　对尾（仅副翼）

图 2-99　对尾全通道（1）

图 2-100　对尾全通道（2）

第三节　侧面姿态悬停

　　侧面悬停机头朝左时，当限制相关通道时，仅可执行单通道动作，默认日本手操作，左舵上推及上升，下推及下降，左推逆时针转，右推顺时针转；右舵上推往左，下推往右，左推向后，右推向前。

　　侧面悬停机头朝右时，当限制相关通道时，仅可执行单通道动作，默认日本手操作，左舵上推及上升，下推及下降，左推逆时针转，右推顺时针转；右舵上推往右，下推往左，左推向前，右推向后。侧面（仅副翼、左）如图 2-101 所示，侧面（仅副翼、右）如图 2-102 所示，侧面（仅升降舵、右）如图 2-103 所示，侧面（仅升降舵、左）如图 2-104 所示，侧面全通道如图 2-105～图 2-108 所示。

图 2-101　侧面（仅副翼、左）

图 2-102　侧面（仅副翼、右）

图 2-103　侧面（仅升降舵、右）

图 2-104　侧面（仅升降舵、左）

图 2-105　侧面全通道（1）

图 2-106　侧面全通道（2）

图 2-107　侧面全通道（3）

图 2-108　侧面全通道（4）

第四节　对头姿态悬停

对头姿态悬停是机头面向自己，当限制相关通道时，仅可执行单通道动作，默认日本手操作，左舵上推及上升，下推及下降，左推逆时针转，右推顺时针转；右舵上推向后，下推向前，左推往右，右推往左。对头（仅副翼）如图2-109所示，对头（仅升降舵）如图2-110所示，对头全通道如图2-111和图2-112所示。

图2-109　对头（仅副翼）

图2-110　对头（仅升降舵）

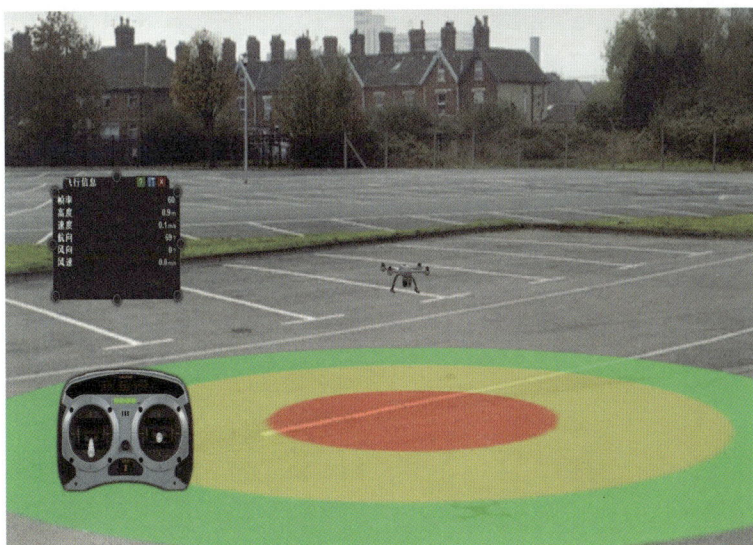

图 2-111 对头全通道（1）

图 2-112 对头全通道（2）

第三章

飞行模拟器进阶训练

第一节　360°自旋悬停

360°自旋悬停能够使新手快速熟悉无人机的各项性能并掌握飞行中所需保持的手感。

操作要求：无人机悬停高度大于 1.5m、悬停过程中高度上下误差不超过 0.7m、悬停范围为半径 1.5m 的圆、悬停时间限定 5～30s、悬停过程中不能停顿、不能急加速或速度太慢。360°自旋悬停如图 3-1 所示。

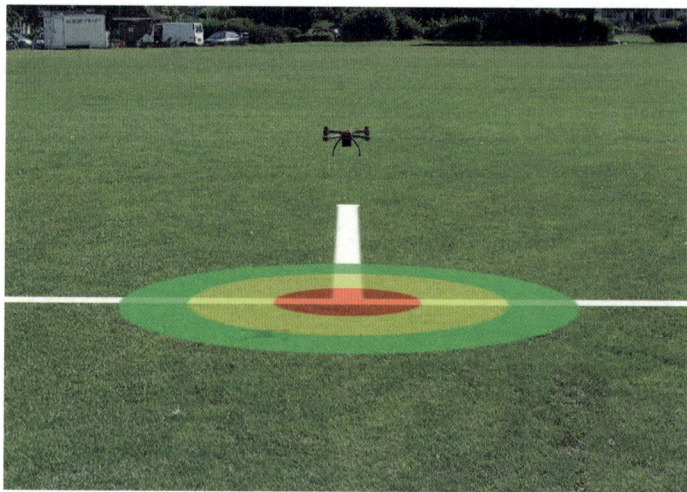

图 3-1　360°自旋悬停

第二节　顺时针/逆时针四边航线飞行

顺时针/逆时针四边航线飞行是进一步提升飞手的操作技能的训练科目，通过无人机在不同方向的前进过程提升操作水平。

操作要求：无人机飞行高度大于 1.5m、飞行水平速度 0.3～3m、飞行水平位移左右各 2m，飞行高度上下误差不超过 0.7m、飞行范围为边长为 10m 的正方形、飞行一周时间限定 3min、每个点位停顿不超过 5s、飞行过程中不能急加速或速度太慢。四边航线飞行（顺时针）如图 3-2 所示，四边航线飞行（逆时针）如图 3-3 所示。

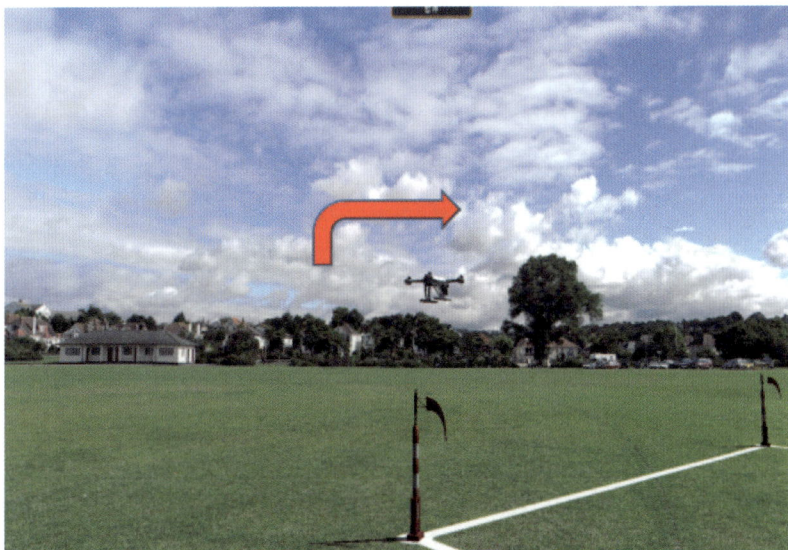

图 3-2　四边航线飞行（顺时针）

图 3-3　四边航线飞行（逆时针）

第三节　顺时针/逆时针圆周航线飞行

顺时针/逆时针圆周航线飞行是在四边航线飞行的基础上对飞手的技能进行提升，该航线飞行具有较强的实用性能。在无人现场作业中，常需要飞手进行圆形或者扇形飞行。

操作要求：无人机飞行高度大于 2m、飞行水平速度 0.3～2m、飞行水平位移左右各 1m，飞行高度上下误差不超过 1m、飞行范围为最小半径为 5m 的圆形、飞行一周时间限定 3min、每个点位停顿不超过 5s、飞行过程中不能急加速或速度太慢。圆周航线飞行（顺时针）如图 3-4 所示，圆周航线飞行（逆时针）如图 3-5 所示。

图 3-4　圆周航线飞行（顺时针）

图 3-5　圆周航线飞行（逆时针）

第四节 "8"字航线飞行

无人机"8"字飞行是指无人机按照数字 8 的形状进行航行训练，"8"字飞行训练是在圆周飞行训练基础上的升级，它对人员在垂直和水平方向提出了更高的操控要求。通过"8"字训练，能够快速提升飞手的方向感和操控感，了解飞机的灵敏度，更好地控制飞机在偏移的瞬间进行调整、修正，通过无人机在快速切换方向并进行操作的过程中尽快提升技术水平。

操作要求：无人机飞行高度要大于 1.5m，飞行水平速度维持在 0.8~1.5m/s 之间，飞行过程中飞机水平位移左右各 2m，飞行航向控制在 30°以内，飞行上下高度误差不超过 1m，飞行一周时间限定 3min 以内，在整个"8"字飞行过程中无人机不能停顿并维持匀速飞行。

"8"字航线飞行如图 3-6 所示，"8"字实训场如图 3-7 所示，"8"字实训训练如图 3-8 所示。

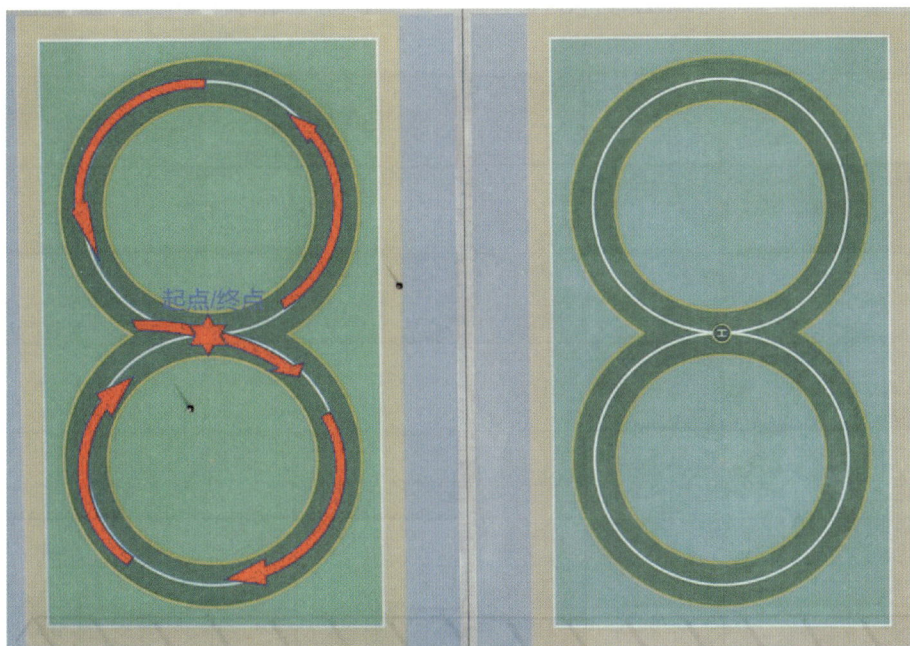

图 3-6 "8"字航线飞行

图 3-7 "8"字实训场地

图 3-8 "8"字实训训练

第四章

无人机飞行基础训练

第一节　飞行前准备

无人机系统相关的组件在日常的使用过程中，其结构部件、连接动力与控制的相关线束组件，必然会逐渐地产生不同程度的磨损或损伤情况，各部件的连接螺栓、密封胶也会在飞行或搬运等不稳定条件下，出现自然松动或开胶情况。为保障无人机系统在训练期间安全稳定运行，需要在实践飞行开始之前，对无人机系统相关设备进行准备，并且在每天训练完成前后进行检查；培训学员需在教员带领下，学习无人机系统相关准备项目。

一、无人机准备

无人机设备各连接部件需使用专用工具紧固，并进行线束、动力部件准备。

1. 机身各连接部位准备

（1）机身板件连接固定件准备。机身板件连接固定件准备的要点：使用专用工具紧固机身连接部件螺栓，对已松超过 2 丝的螺栓进行打胶固定；使用专用工具紧固机载设备板件与连接件；替换明显裂纹或损坏部件，并按照要求进行紧固、打胶操作（遇到锈蚀难以拆卸部件，应使用 WD-40 除锈剂喷涂后），机身板件连接固定件示意图如图 4-1 所示。

（2）机臂连接固定件准备。机臂连接固定件准备的要点：对无人机设备机臂固定点螺栓进行紧固，对已松动的螺栓需拆除清理表面残胶后，重新打胶固定；机臂转动部件固定螺栓不宜过紧（机臂收起展开应顺畅带轻微阻尼感），且锁紧部件连接良好避免发生飞行时松脱现象，机臂连接固定件示意图如图 4-2 所示。

图 4-1　机身板件连接固定件示意图

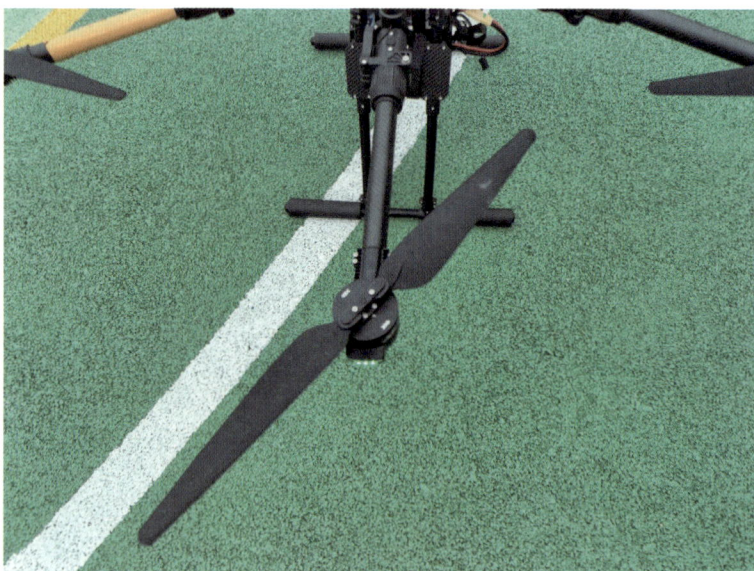

图 4-2　机臂连接固定件示意图

（3）电机连接固定件准备。要点：对电机底座部位螺栓进行紧固，如电机底座已发生松动，需进行重新打胶固定；对有裂纹或变形的，机臂固定底座位置板件与电机底座进行同时替换，电机连接固定件示意图如图 4-3 所示。

图4-3 电机连接固定件示意图

（4）脚架连接固定件准备。脚架连接固定件准备的要点：对脚架与机体固定螺栓进行紧固，对松动明显的螺栓进行打胶紧固，脚架连接固定件示意图如图4-4所示。

图4-4 脚架连接固定件示意图

2. 机身线束准备

（1）电子元件线束准备，含飞控供电。电子元件线束准备，含飞控供电的要点：长期使用的无人机机体附有大量灰尘脏污，需要对飞控、电源控制模块等机载部件进行清理准备，应用软质毛刷刷去表面浮灰，然后用 WD-40 快干精密电器清洁剂对电子板件焊点接口附近加以清洗；如过程中发现有焊点脱焊或断线情况，需进行重新点焊焊接，电子元件线束示意图如图 4-5 所示。

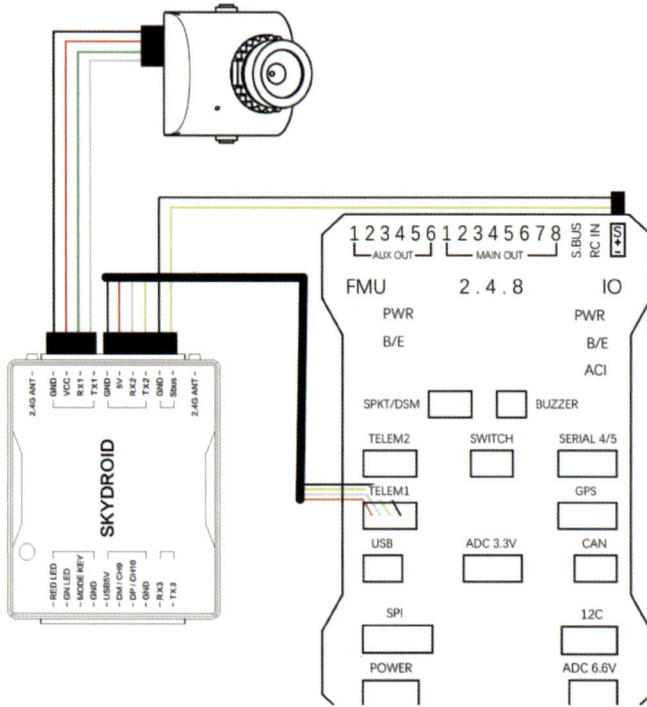

图 4-5　电子元件线束示意图

应对飞控主板、接收机、天线等部件排线插口进行紧固，避免使用时因振动松脱；如有损坏件应予以替换，主板示意图如图 4-6 所示。

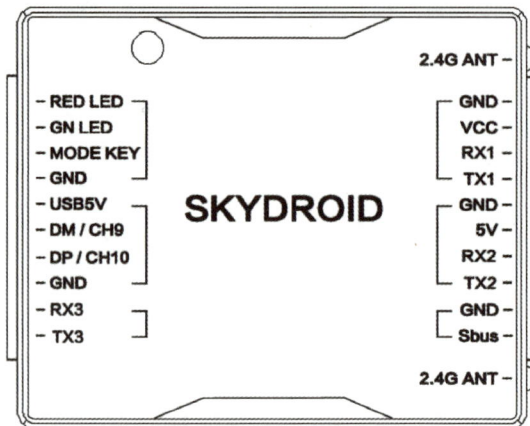

图 4-6　主板示意图

（2）动力线束准备。动力线束准备的要点：机臂内部线束（电机供电、电调控制线束），如有磨损、铜芯线外露或断裂的，应视情况予以修补或替换。

特别注意：螺丝胶也叫厌氧胶或固定剂，对螺栓进行的打胶固定，机身件、动力部件应使用强度需求较高，对线束或电子元件等部件为方便维修替换，应使用低强度螺丝胶。螺丝胶主要溶剂为乙醇，准备清理无人机时不可使用含乙醇类清洁用品。

（3）动力部件准备。

1）电机部件准备。电机部件准备的要点：对电机进行保养清污操作，应使用手握气吹将内部灰尘杂质吹出，对脏污使用 WD－40 快干精密电器清洁剂喷涂并使用棉布擦拭干净；应将电机散热口使用棉布或吸水性贴纸遮挡，使用 WD－40 润滑脂喷涂轴承部位，并将多余润滑剂擦除。

2）桨叶安装底座准备。桨叶安装底座准备的要点：桨叶底座固定部位螺栓应进行紧固，如桨叶安装底座已发生松动，需进行重新打胶固定；对有裂纹或明显磨损的桨叶底座应进行替换。

3）桨叶准备。桨叶准备的要点：对开裂、变形或磨损较大的桨叶应进行更换，并准备不少于一组（2 片正桨、2 片反桨）备用桨叶。

二、遥控器与地面站准备

遥控器与地面站准备包括对遥控器天线、锁扣、按钮、开关、摇杆等部件准备，清理遥控器脏污，并对遥控器设置功能进行调整。以 SKYDROID 云卓 H12 遥控器为例，遥控器如图 4－7 所示。

图 4－7 遥控器

1. 语言设置

点击设置、系统、语言和输入法中可更改语言，语言设置界面如图 4－8 所示。

图 4-8 语言设置界面

2. 状态提示栏

状态提示界面如图 4-9 所示，其中：

（1）蓝牙开启提示。

（2）无线信号强度。

（3）SIM 卡提示窗（图 4-9 中为未插入 SIM 卡状态）。

（4）电量显示（图 4-9 中为充电状态）。

（5）时间显示。

（6）后台进程查看。

（7）返回主页面。

（8）返回上一步操作。

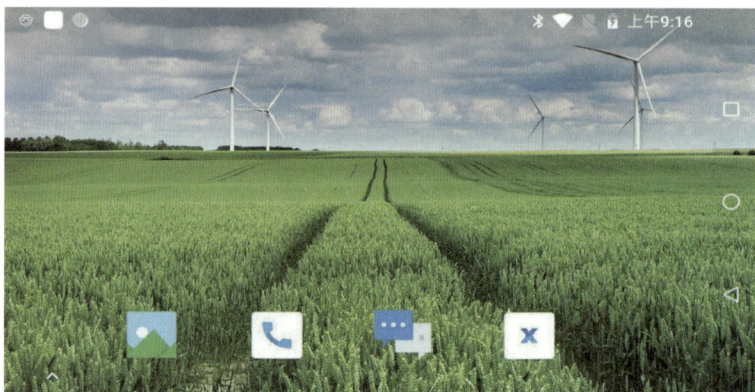

图 4-9 状态提示界面

3. 助手说明

助手说明界面如图 4-10 所示，其中：

（1）用于切换飞行手型切换。

图 4 - 10　助手说明界面

（2）用于查看遥控器舵量值。

（3）将遥控器与其他接收机进行对频。

（4）用于查看摄像头传回来的图像。

（5）高级参数的功能有：调整通道、升级摇杆固件、查看信号强度、修改接收机串口波特率。

三、电池准备

1. 无人机电池充电

如在地面端为无人机电池充电遇到冒烟、有异味、漏液的情况下时，请勿继续给无人机电池充电；请勿在超过 60℃的环境下对本产品进行充电，无人机飞行电池如图 4 - 11 所示。

图 4 - 11　无人机飞行电池

2. 遥控器电池或遥控器充电

H12 系列地面端内置一体式可充电锂电池、兼容市场标准 Micro USB 接口、5V 规格的电源适配器（例如手机、相机等数码产品 USB 充电器）。如在地面端为遥控器电池或遥控器充电遇到冒烟、有异味、漏液的情况时，请勿继续给地面端充电；请勿在超过 60℃ 的环境下对本产品进行充电。

第二节　飞行前检查

无人机在进行飞行训练前进行检查，是作为保证无人机系统稳定安全运作的必需保障手段。

一、外观检查

外观检查指将无人机设备放置在指定起降区，进行外观检查、无人机接线情况、电机等转动部件检查，外观检查如图 4-12 所示。

图 4-12　外观检查

（1）机体外壳结构检查。机体外壳结构检查的要点：检查外观有无明显裂纹、变形、错位等情况；结构主体应紧实可靠。

（2）机臂链接点检查。机臂链接点检查的要点：检查机臂与机身链接位置有无裂纹、变形、错位等情况；观察机臂有无结构性损伤。

（3）脚架检查。脚架检查的要点：检查脚架部件有无裂纹、变形且确认无人机设备放置在地面无明显倾斜现象；轻微晃动观察脚架支撑度有无异常变化。

二、遥控器检查

遥控器检查是指对遥控器进行外观检查、天线检查、各按键与活动控制部件检查，遥控器检查示意图如图4-13所示。

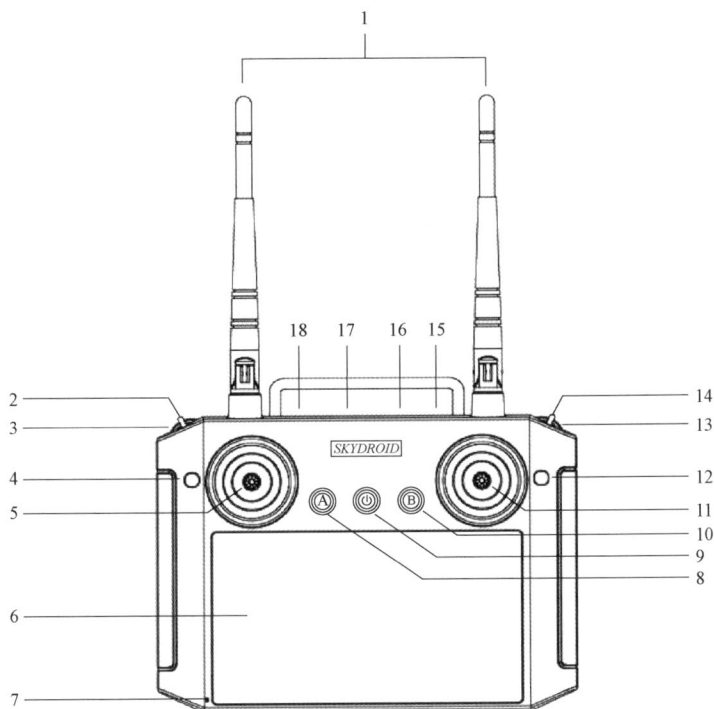

图4-13　遥控器检查示意图

遥控器检查详细内容见表4-1。

表4-1　　　　　　　　　　遥控器检查详细内容

序号	注解	序号	注解
1	2.4G 3dB 天线	10	按键 B
2	拨动三段开关 E	11	摇杆 X2、Y2
3	拨轮 G	12	按键 D
4	按键 C	13	拨轮 H
5	摇杆 X1、Y1	14	拨动三段开关 F
6	5.5 寸屏	15	喇叭
7	MIC 口	16	SIM 卡槽
8	按键 A	17	充电口
9	电源开关	18	PPM 输出

三、无人机系统通电检查

无人机系统通电检查包括:

(1) 将无人机电池、遥控器电池进行电量检查(测电)。

(2) 将无人机与遥控器上电,优先打开遥控器电源并确认开启后,将无人机电源接通并开启。

特别注意:无人机设备通电前需将油门杆量收至最低。

(3) 灯光与接收机状态检查,详细内容见表 4-2。

表 4-2   灯光检查详细内容

接收机状态指示灯	接收机状态
绿灯长亮	通信正常
绿灯慢闪	与遥控断连
绿灯快闪	对频模式
红灯长亮	C. BUS 模式
红灯慢闪	升级中
红灯快闪	自检没过,请重试或返厂

(4) 检查完成后关闭断开无人机电源。为防止桨叶突然转动,通电检查时应远离无人机桨叶。

第三节 无人机定点起降与定点悬停训练

学员刚接触真实无人机,无人机定点起降与定点悬停训练相对较低的复杂程度,是突破心理障碍的基础练习,同时也是最终达成实践飞行培训目标,做到能飞、敢飞、飞得好的关键一步。

一、定点起降与定点悬停场地要求

定点起降与定点悬停场地要求包括:

(1) 飞行区域周边 5m 范围无遮挡障碍物。

(2) 在距离起飞点 5~6m 放至定位桩筒。

无人机定点起降与定点悬停场地训练场地如图 4-14 所示。

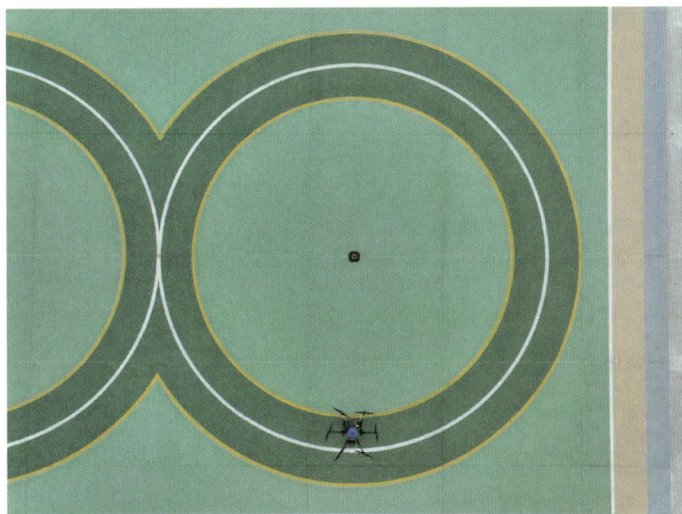

图 4-14　无人机定点起降与定点悬停场地

二、定点起降与定点悬停实操训练

(一) 定点起降与定点悬停实操训练的操控解析

1. 无人机启动

无人机启动指将无人机设备遥控器进行"内、外八字"打杆解锁，旋翼转动后 2s 内轻微带 1～2 刻度油门杆量杆解除低油门状态（避免低油门导致的锁定关机），定点起降与定点悬停实操训练操控图（1）如图 4-15 所示。

图 4-15　定点起降与定点悬停实操训练操控图（1）

2. 无人机起飞

无人机起飞指将无人机设备遥控器油门推至中量刻度线以上，观察无人起飞速度并调整油门杆量至中线附近合适位置，定点起降与定点悬停实操训练操控图（2）如图 4-16 所示。

图 4-16　定点起降与定点悬停实操训练操控图（2）

3. 无人机飞行过程

无人机飞行过程中，在稳定主高度的同时控制遥控器升降舵与副翼，保持无人机在定位桩筒 1.5m 半径内飞行，定点起降与定点悬停实操训练操控图（3）如图 4-17 所示。

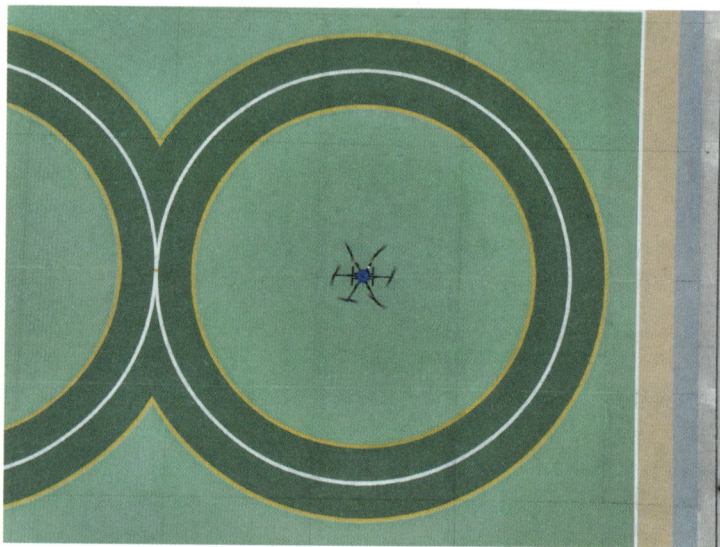

图 4-17　定点起降与定点悬停实操训练操控图（3）

4. 副翼操控

副翼操控控制无人机与桩筒的左右方向上的偏移修正,在无人机位置、姿态修正过程中可小幅度多次打杆调整,幅度不宜过大,且手指不可移开遥控器控制杆,定点起降与定点悬停实操训练操控图(4)如图 4-18 所示。

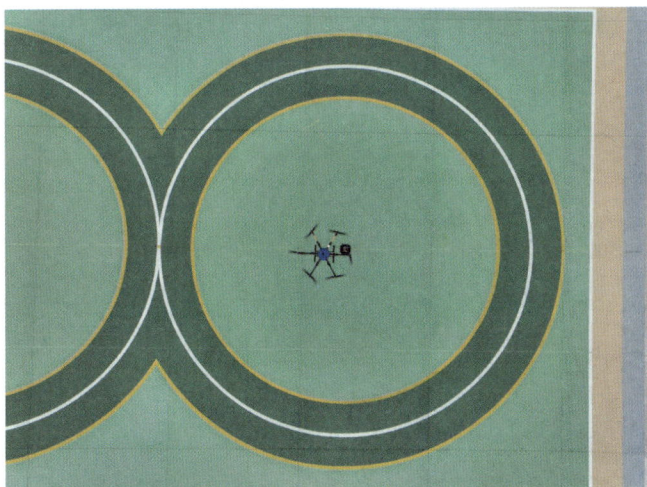

图 4-18　定点起降与定点悬停实操训练操控图(4)

5. 升降舵操控

升降舵操控控制无人机与桩筒的前后方向上的偏移修正,在无人机位置、姿态修正过程中可小幅度多次打杆调整,幅度不宜过大,且手指不可移开遥控器控制杆,定点起降与定点悬停实操训练操控图(5)如图 4-19 所示。

图 4-19　定点起降与定点悬停实操训练操控图(5)

6. 无人机降落

无人机降落指将无人机设备遥控器油门缓慢减小至中量刻度线以下，观察无人下降速度并调整油门杆量至无人机匀速且缓慢下降；当高度下降至 0.5m 以下时停止下降动作并稳定住无人机高度，控制遥控器升降舵与副翼将无人机对准无人机起降点位置后，重复上述下降操作，将无人机缓慢降落至起降点区域内，定点起降与定点悬停实操训练操控图（6）如图 4-20 所示。

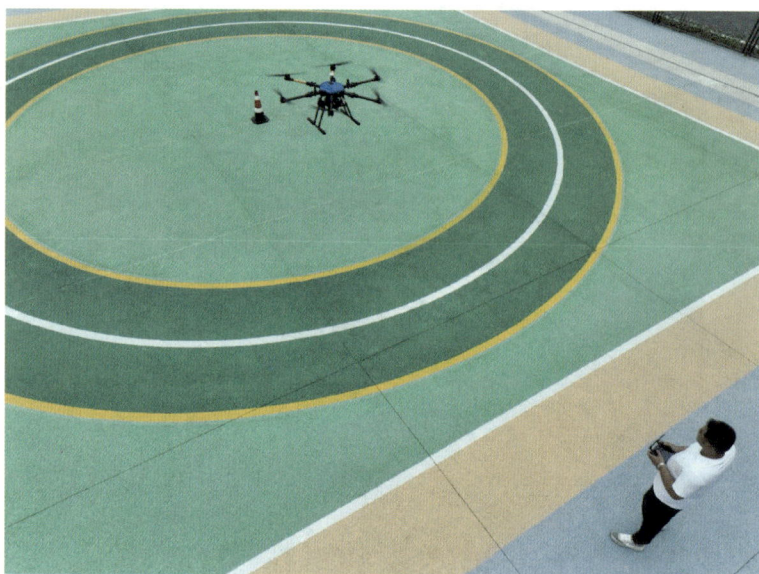

图 4-20　定点起降与定点悬停实操训练操控图（6）

7. 无人机停止

无人机停止是指当无人机降落后将油门杆量收至最低，并使无人机电机锁定 3s 以上；待桨叶完全停止后，无人机停止操作完成，定点起降与定点悬停实操训练操控图（7）如图 4-21 所示。

（二）训练要求

（1）无人机可平稳从目标起点起飞，完成动作后稳定无人机设备，无人机操作过程中要求对尾飞行，定点起降与定点悬停实操训练要求图（1）如图 4-22 所示。

（2）将无人机平稳升高至 2~2.5m 高度范围，并前飞至定位桩筒上方，完成升高动作后将无人机悬停至定位桩筒上方，悬停 2min 并稳定机身姿态，无人机悬停偏移量控制在 2m 范围内；无人机操作过程中要求对尾飞行，定点起降与定点悬停实操训练要求图（2）如图 4-23 所示。

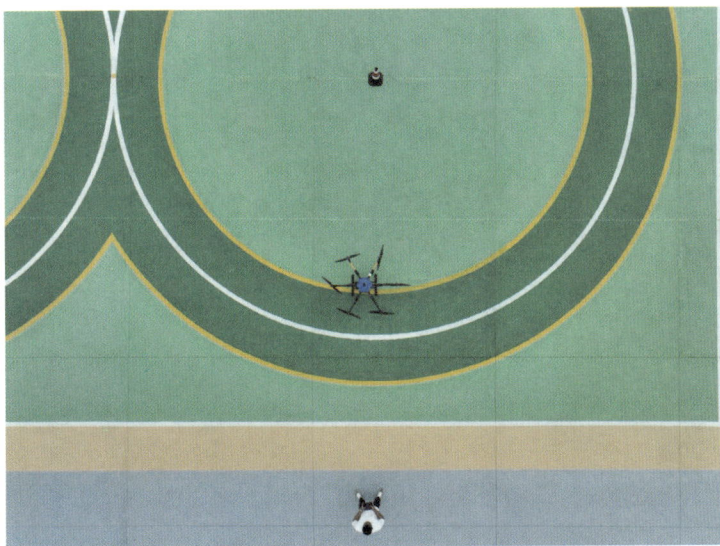

图 4-21 定点起降与定点悬停实操训练操控图（7）

图 4-22 定点起降与定点悬停实操训练要求图（1）

（3）无人机平稳从悬停高度下降，并后退至起降点上方，过程保持稳定机身姿态，降落在指定起降点 0.5m 范围内；无人机操作过程中要求对尾飞行，定点起降与定点悬停实操训练要求图（3）如图 4-24 所示。

（三）要点

学员试飞练习与模拟器训练不同，它需要熟悉现场视觉差异、相对位置及方向感，同时也需要熟悉无人机遥控器的操作杆量反馈。

图 4-23　定点起降与定点悬停实操训练要求图（2）

图 4-24　定点起降与定点悬停实操训练要求图（3）

三、注意事项

（1）学员需保持与起降点 5m 以上的安全距离进行实践操作，操作悬停时间因人而异不可强求，应适应并逐步增加悬停时间。

（2）悬停偏移最大范围控制在中心桩半径 2.5m 范围内。

（3）学员第一次操控须在教员指导下完成，如发现不适应或失控情况则由无人机教员及时接控；适应练习期间，学员应在适应无人机摇杆调整动作后，逐步尝试增加杆量行程，熟悉操控曲线设定的无人机动作响应关系。

第四节　无人机定点八面悬停与定点 360°自旋训练

学员熟练掌握无人机定点起降与悬停后，进行下一步定点八面悬停与定点"360°"自旋实践飞行训练，通过分步操控解析了解八面悬停的操控练习，逐渐熟悉并掌握无在八个角度下的姿态变化与摇杆控制关系，从而延伸至多角度悬停练习。"360°"自旋操控也就是将各角度加以熟练并连贯操控无人机姿态的提升练习。

一、定点八面悬停与定点 360° 自旋场地要求

（1）飞行区域周边 5m 范围内应无遮挡障碍物。

（2）应在距离起飞点 5～6m 处放置定位桩筒。

定点八面悬停与定点 360°自旋场地训练场地如图 4-25 所示。

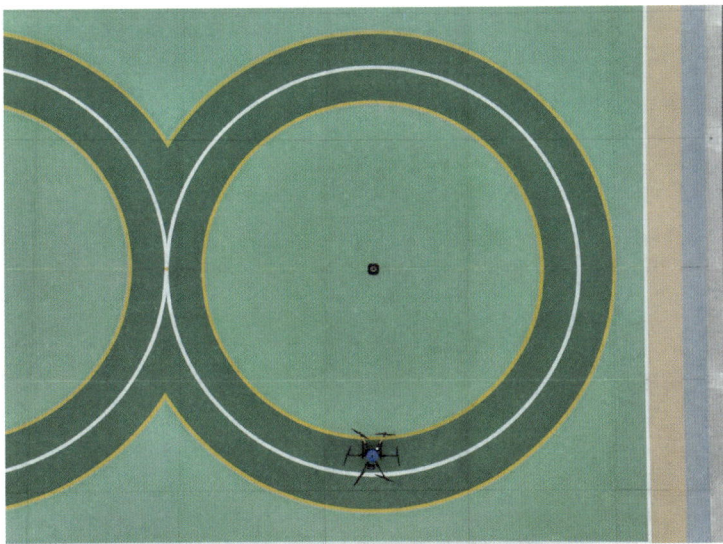

图 4-25　定点八面悬停与定点 360°自旋场地

二、定点八面悬停实操训练

1. 定点八面悬停实操训练的操控解析

（1）无人机启动。将无人机设备遥控器进行"内、外八字"打杆解锁，旋翼转动后

2s内轻微带1~2刻度油门杆量杆解除低油门状态（避免低油门导致的锁定关机），定点八面悬停实操训练操控图（1）如图4-26所示。

图4-26 定点八面悬停实操训练操控图（1）

（2）无人机起飞。无人机起飞指将无人机设备遥控器油门推至中量刻度线以上，观察无人起飞速度并调整油门杆量至中线附近合适位置，定点八面悬停实操训练操控图（2）如图4-27所示。

图4-27 定点八面悬停实操训练操控图（2）

（3）无人机对尾方向悬停。无人机对尾方向悬停指在稳定住高度的同时控制遥控器升降舵与副翼，保持在定位桩筒正上方 1.5～2m 高度范围内；此时无人机处于对尾面悬停状态，此状态下应操控副翼，对无人机与桩筒的左右方向上的偏移修正，无人机位置、姿态修正过程中可小幅度多次打杆调整，幅度不宜过大，且手指不可移开遥控器控制杆，定点八面悬停实操训练操控图（3）如图 4-28 所示。

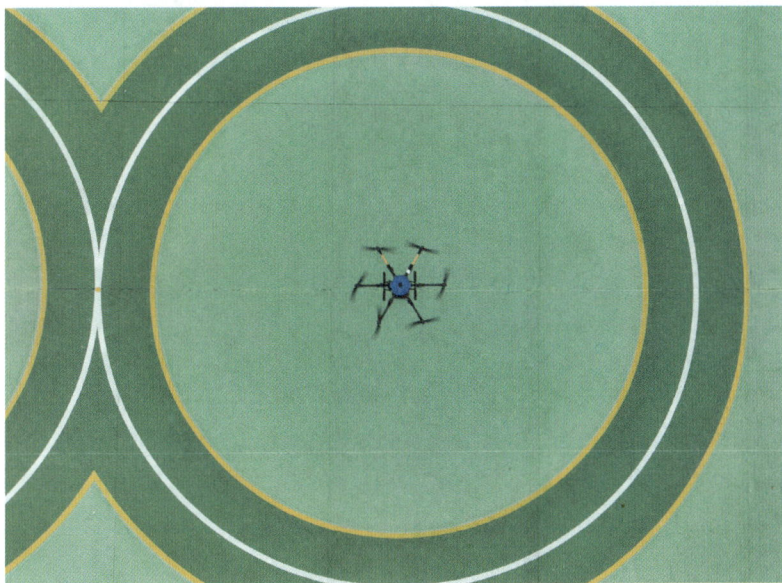

图 4-28　定点八面悬停实操训练操控图（3）

（4）无人机定点转向。无人机定点转向在对尾状态下保持无人机稳定状态下，轻微持续操控方向舵的杆量，采用顺时针或逆时针方式将无人机转向 90°，观察无人机状态为目视正对左或右侧；转向过程需持续观察无人机设备姿态，并操控副翼与升降舵杆量，调整控制无人机与桩筒的偏移修正，无人机位置、姿态修正过程中幅度不宜过大，在顺时针与逆时针两个方向上的转向操作练习均要求匀速稳定，练习过程均需保持无人机与定位桩筒范围 1.5m 半径内飞行，定点八面悬停实操训练操控图（4）如图 4-29 所示。

（5）无人机对左、右侧定点悬停。无人机对左、右侧定点悬停指在无人机定点转向练习熟练之后，需对完成 90°转向的无人机，学员面对无人机左右两侧的定点悬停动作。无人机在逆时针完成 90°转向后，学员目视方向的左右侧即为无人机操控杆的升降舵方向，前后即为无人机操控杆的副翼方向控制，无人机顺时针转动 90°则反之，练习过程

87

均需保持无人机与定位桩筒范围 1.5m 半径内飞行，定点八面悬停实操训练操控图（5）如图 4-30 所示。

图 4-29　定点八面悬停实操训练操控图（4）

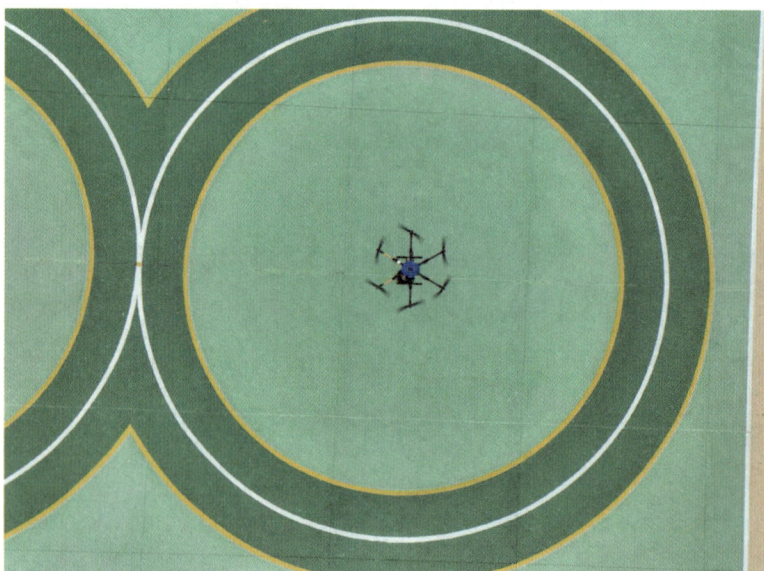

图 4-30　定点八面悬停实操训练操控图（5）

（6）无人机对头定点悬停。无人机对头定点悬停指在无人机对侧悬停练习熟练之后，增大转向角度至 180°，同样需先进行定点转向练习，顺时针、逆时针均需练习熟练。无人机在对尾状态自旋180°后，无人机成为对头姿态，此时学员目视无人机视角方向下，无人机前后运动为无人机操控杆的升降舵方向，无人机左右移动为操控杆的副翼方向控制；注意此时无人机的操控杆都变为反方向控制，即无人机前进方向为学员后方，左右操控杆打杆操作时无人机左右移动与打杆方向相反，定点八面悬停实操训练操控图（6）如图4-31所示。

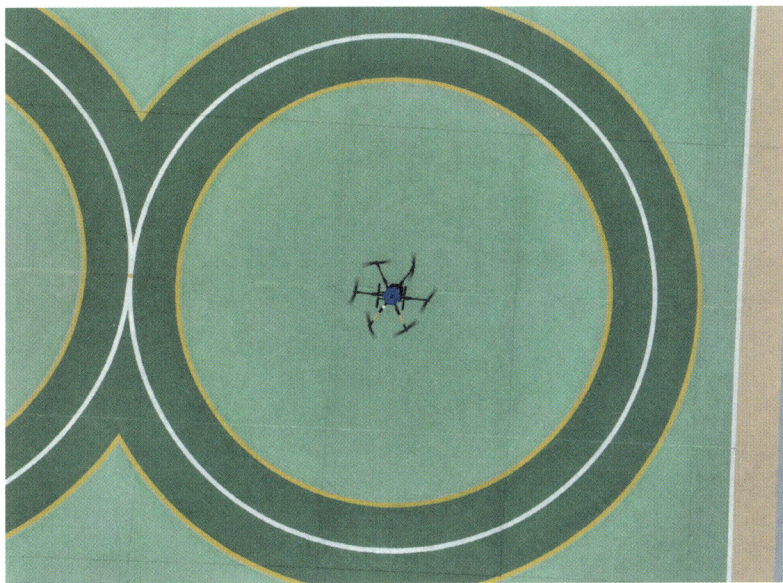

图4-31　定点八面悬停实操训练操控图（6）

（7）无人机定点八面悬停。在无人机学员熟练操控四面定点悬停的基础上，改为学员目视方向上的侧方向悬停练习，即无人机对尾悬停状态下的定点自旋，为顺时针或逆时针的45°、135°、225°、315°方向上的四侧面悬停练习，在练习过程中可由较简单的45°与315°方向上的练习逐渐过渡到135°与225°方向上的练习，在过程中逐渐熟悉以目视无人机航向方向判断操控动作；将无人机的升降舵与副翼操控练习掌握熟练后，可由顺时针或逆时针将无人机每转动45°为一个面，每个面操控无人机稳定在桩筒上方15～20s，依次完成八个面的定点悬停练习，定点八面悬停实操训练操控图（7）如图4-32所示。

2. 定点八面悬停实操训练的训练要求

（1）无人机每次转向操控前均需要将无人机稳定悬停在桩筒上方，待姿态调整稳定后再进行下一步操控，定点八面悬停实操训练要求图（1）如图4-33所示。

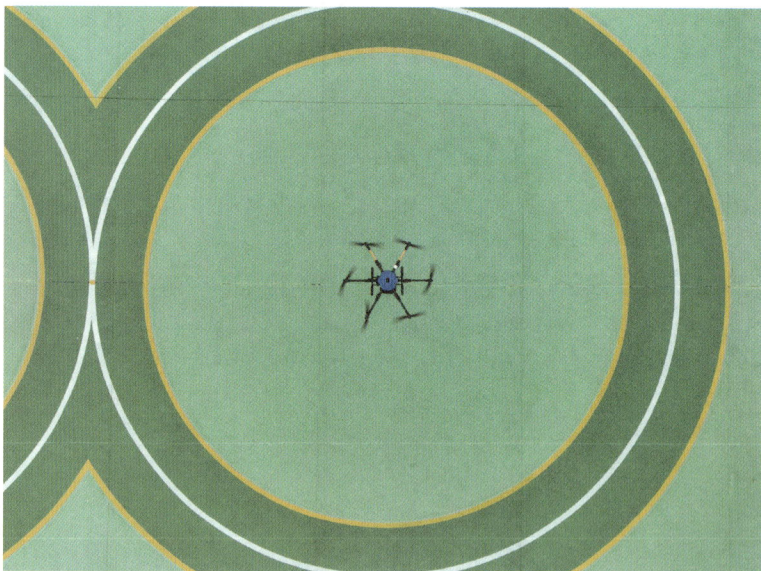

图 4-32　定点八面悬停实操训练操控图（7）

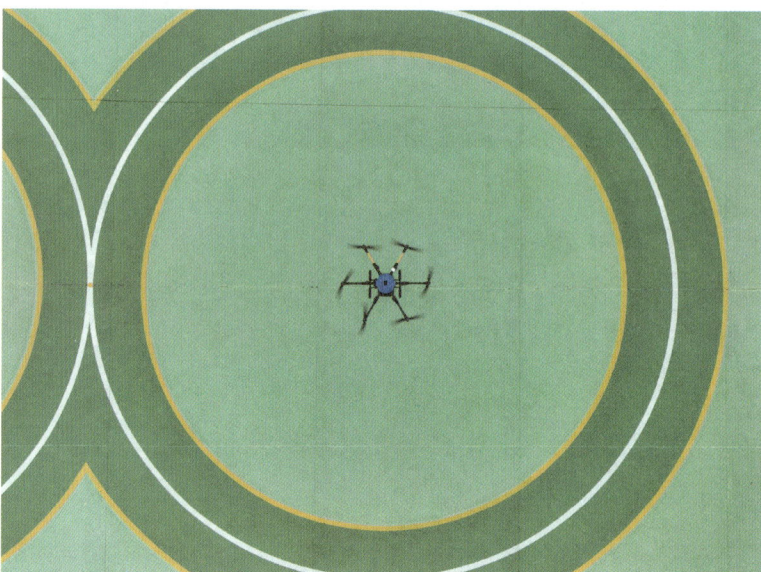

图 4-33　定点八面悬停实操训练要求图（1）

（2）无人机的飞行高度应保持在 2～2.5m 范围内，打杆转向过程中需注意不要带动油门杆量，防止无人机转向过程中高度变化过大，定点八面悬停实操训练要求图（2）如图 4-34 所示。

图 4-34 定点八面悬停实操训练要求图（2）

（3）无人机定点转向与悬停。无人机定点转向与悬停无论逆时针与顺时针均需练习熟练，避免只能顺时针转向或逆时针转向飞行的情况，定点八面悬停实操训练要求图（3）如图 4-35 所示。

图 4-35 定点八面悬停实操训练要求图（3）

3. 定点八面悬停实操训练的要点

学员在练习过程中易发生打杆错误，或方向判断错误的情况，在练习过程中应时刻注意之前的打杆动作，且操作杆量适度。如定点转向 90°与 180°的情况，在 90°熟练操控的情况下再进行 180°转向练习；如发生判断错误，应立刻将无人机反向转回 90°时熟练的姿态方向上，可在多次尝试后掌握和熟悉各个悬停面上的操控打杆方向与杆量。

三、定点360°自旋实操训练

1. 定点360°自旋实操训练的操控解析

（1）定点180°自旋。定点180°自旋指将无人机平稳升高至2～2.5m高度范围，并前飞至定位桩筒上方，完成升高动作后将无人机悬停至定位桩筒上方，悬停并稳定机身姿态即可操控无人机方向杆控制无人机开始转向，过程中结合无人机八面悬停练习内容，熟悉无人机在匀速转动状态下方向变化时，升降舵与副翼操控的杆量配合。需练习顺时针方向与逆时针方向，并熟悉其操控变化，定点360°自旋实操训练操控图（1）如图4-36所示。

图4-36　定点360°自旋实操训练操控图（1）

（2）定点"360°"自旋。定点"360°"自旋是指结合180°自旋练习与无人机八面悬停练习内容，无人机在对头姿态模式下匀速转动，通过升降舵与副翼操控的杆量配合，由180°自旋过渡为360°自旋。再通过顺时针与逆时针方向的不断练习，熟悉其操控变化，定点360°自旋实操训练操控图（2）如图4-37所示。

2. 定点360°自旋实操训练的训练要求

（1）无人机匀速转向操控前，需要将无人机稳定悬停在桩筒上方，待姿态调整稳定后再进行下一步操控，定点360°自旋实操训练操控图（1）如图4-38所示。

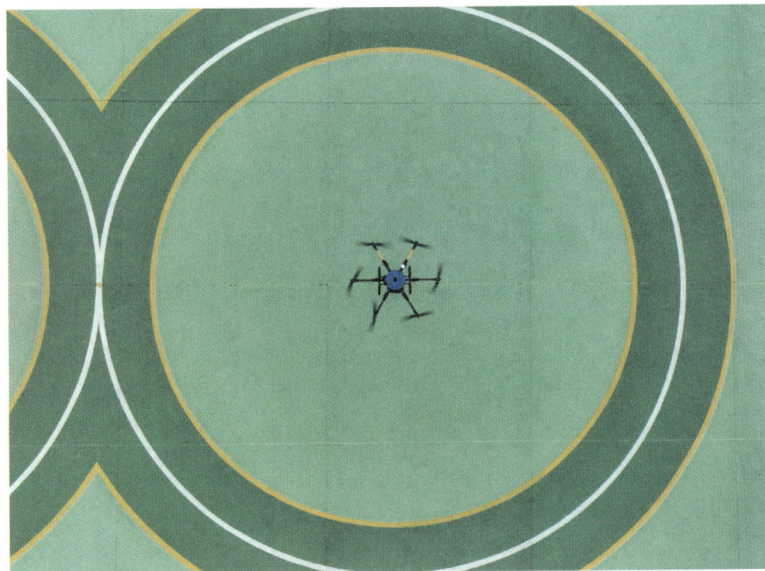

图 4 - 37　定点 360°自旋实操训练操控图（2）

图 4 - 38　定点 360°自旋实操训练要求图（1）

（2）无人机的飞行高度应保持在 2～2.5m 内，打杆转向过程中需注意不要带动油门杆量，防止无人机转向过程中高度变化过大，打杆过程中如发现转动速度过快可适量收杆或停止打杆动作，熟练操控应能够适时调整打杆动作保持无人机匀速转动状态，定点360°自旋实操训练操控图（2）如图 4 - 39 所示。

图 4-39 定点 360°自旋实操训练要求图（2）

四、注意事项

（1）学员需保持与起降点 5m 以上的安全距离进行实践操作，在学习操作转向动作时，切忌猛打方向，应适应操控杆量匀速转向并逐步增加在练习方向上的悬停时间。

（2）定点转向时如无人机偏移较大（超过 1.5m），则应该停止转向操作将无人机飞回桩筒上方，或转回熟悉的方向并将无人机飞回安全范围内。

（3）学员全程操控须在教员指导下完成，如发现错舵量较大或无人机失控离开安全范围，则由无人机教员及时接控，此时学员应在现场教员示意下停止打杆操控；待学员适应无人机摇杆动作或打杆量后，继续完成该项目练习内容。

第五节　无人机多边形飞行和水平"8"字循迹飞行训练

学员熟练掌握无人机定点八面悬停与定点"360°"自旋操控后，具备了基本的稳定控制无人机的能力。此时通过让无人机进行多边形飞行训练，熟悉并掌握无人机在各个面上前进状态下的飞行技巧后，开始进行"8"字寻迹飞行训练，也就是在多边形飞行训练的基础上将航向控制加入无人机移动过程中的训练。

一、多边形飞行和水平"8"字循迹飞行场地要求

（1）飞行区域周边 5m 范围无遮挡障碍物。

（2）在相距圆心 6m 的四个角放至 4 处定位桩筒。

（3）飞行区域周边 5m 范围无遮挡障碍物。

多边形飞行场地如图 4-40 所示。

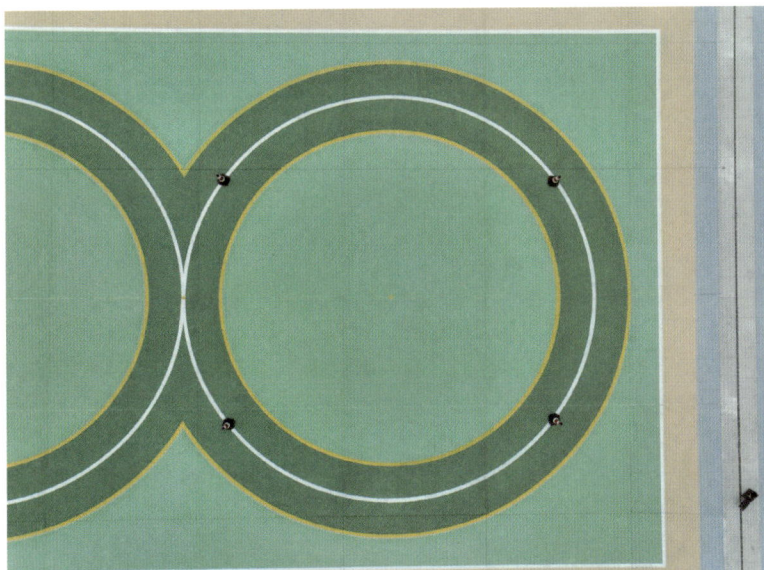

图 4-40　多边形飞行场地

（4）"8"字场地为半径 6m 的两个圆组成，或使用 15 处桩筒标记出圆位置，水平
"8"字循迹飞行场地如图 4-41 所示。

图 4-41　水平"8"字循迹飞行场地

二、多边形飞行实操训练

1. 多边形飞行实操训练的操控解析

（1）无人机启动。将无人机设备遥控器进行"内、外八字"打杆解锁，旋翼转动后2s内轻微带1～2刻度油门杆量杆解除低油门状态（避免低油门导致的锁定关机），多边形飞行实操训练操控图（1）如图4-42所示。

图4-42　多边形飞行实操训练操控图（1）

（2）无人机起飞。无人机起飞指将无人机设备遥控器油门推至中量刻度线以上，观察无人起飞速度并调整油门杆量至中线附近合适位置，多边形飞行实操训练操控图（2）如图4-43所示。

图4-43　多边形飞行实操训练操控图（2）

（3）无人机对尾直线飞行定点 360°自旋实操训练。无人机对尾直线飞行指调整无人机位置至对尾状态并悬停于起始位置桩筒正上方 1.5～2m 高度范围；操控无人机操控杆的升降舵向前，使无人机前进并在此过程中通过操控副翼，保持飞机直线移动前往下一个桩筒，期间通过升降舵踩空的舵量大小控制前进速度，多边形飞行实操训练操控图（3）如图 4-44 所示。

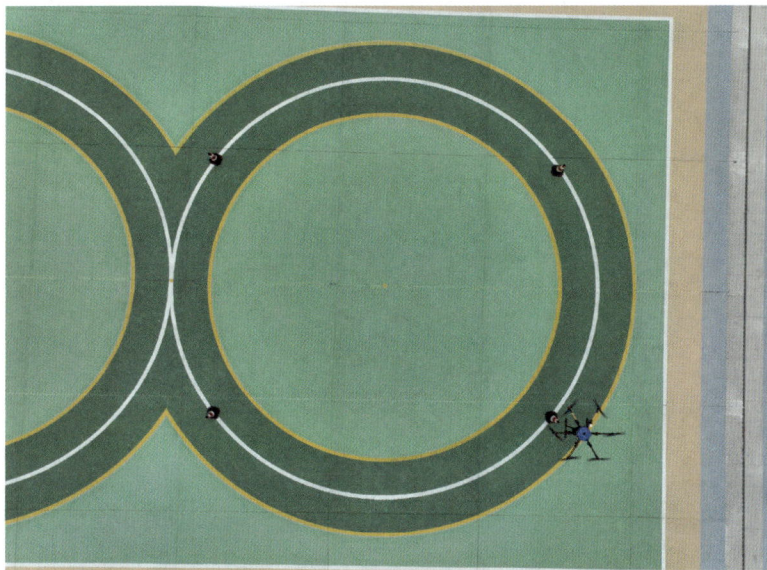

图 4-44　多边形飞行实操训练操控图（3）

（4）无人机对侧直线飞行。无人机对侧直线飞行指无人机已到达当前桩筒，飞手稳定飞行姿态并进入定点悬停状态。此时飞手操控方向舵使无人机面对下一个桩筒，由于无人机仍为对侧状态，所以无人机前往下个桩筒的前进方向仍然由升降舵进行控制，直线移动期间可通过副翼调整无人机的对侧状态，多边形飞行实操训练操控图（4）如图 4-45 所示。

（5）无人机对头直线飞行。无人机对头直线飞行指无人机对侧飞行至转向桩筒，以稳定飞行姿态进入定点悬停状态后，操控方向舵使无人机转变为对头飞行状态，前往下个桩筒的前进方向仍然为升降舵控制，直线移动期间可通过副翼调整无人机的对侧状态；对头状态升降舵与副翼的舵面控制与对尾时相反，多边形飞行实操训练操控图（5）如图 4-46 所示。

2. 多边形飞行实操训练的训练要求

（1）无人机每次转向操控前均需要将无人机稳定悬停在桩筒上方，待姿态调整稳定后再进行下一步操控，多边形飞行实操训练要求图（1）如图4-47所示。

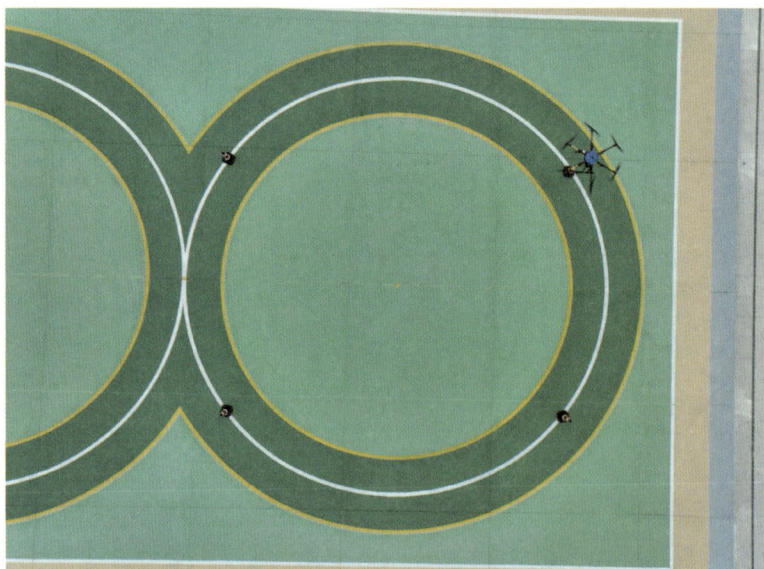

图4-45　多边形飞行实操训练操控图（4）

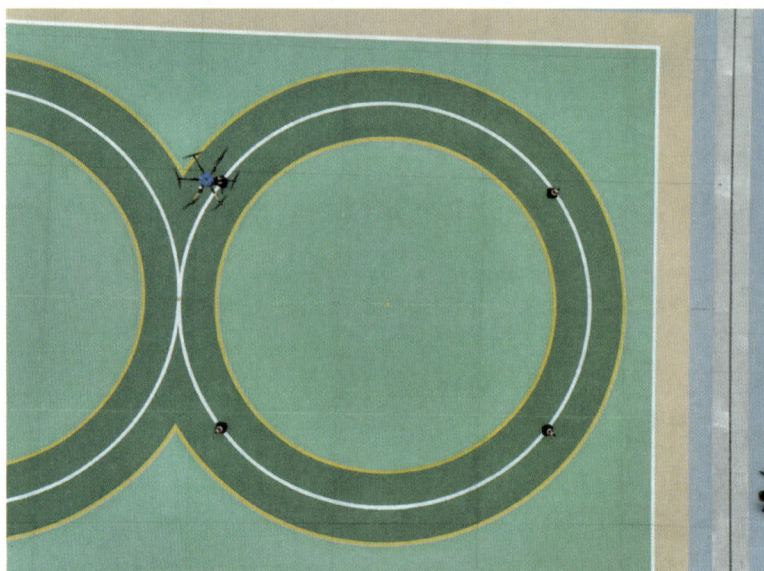

图4-46　多边形飞行实操训练操控图（5）

（2）无人机的飞行高度应保持在1.5～2m范围内，并且偏移量控制在1m范围内，打杆转向过程中需注意不要带动油门杆量，防止无人机转向过程中高度变化过大；移动时通过控制舵量大小调整速度，速度不宜过快。

图 4 - 47　多边形飞行实操训练要求图（1）

（3）与定点悬停相同，顺时针与逆时针方向均需要练习熟练，多边形飞行实操训练要求图（2）如图 4 - 48 所示。

图 4 - 48　多边形飞行实操训练要求图（2）

三、水平"8"字循迹飞行实操训练

1. 水平"8"字循迹飞行实操训练的操控解析

（1）无人机启动。将无人机设备遥控器进行"内、外八字"打杆解锁，旋翼转动后 2s 内轻微带 1～2 刻度油门杆量杆解除低油门状态（避免低油门导致的锁定关机），水平

"8"字循迹飞行实操训练操控图（1）如图 4 - 49 所示。

图 4 - 49　水平"8"字循迹飞行实操训练操控图（1）

（2）无人机起飞。无人机起飞指将无人机设备遥控器油门推至中量刻度线以上，观察无人起飞速度并调整油门杆量至中线附近合适位置，水平"8"字循迹飞行实操训练操控图（2）如图 4 - 50 所示。

图 4 - 50　水平"8"字循迹飞行实操训练操控图（2）

（3）无人机逆时针飞圆。无人机逆时针飞圆指无人机在起点位置起步并做匀速飞行，同时操控方向舵向左打杆，保持无人机在圆形轨迹上的航向始终对准前进方向；飞行过程中通过控制无人机副翼向左打杆操控无人机向圆内方向的偏移，向右打杆则控制无人机向圆外方向的偏移，水平"8"字循迹飞行实操训练操控图（3）如图4-51所示。

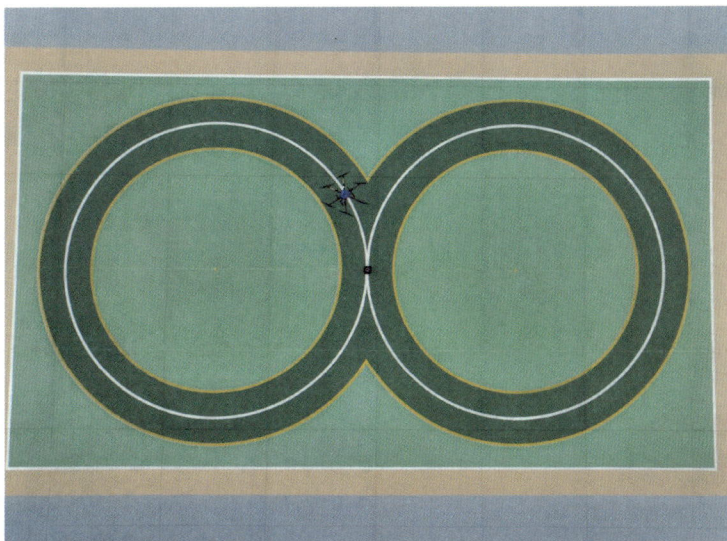

图4-51　水平"8"字循迹飞行实操训练操控图（3）

（4）无人机顺时针飞圆。无人机顺时针飞圆指无人机在起点位置起步并做匀速飞行，同时操控方向舵向右打杆，保持无人机在圆形轨迹上的航向始终对准前进方向；飞行过程中通过控制无人机副翼向右打杆操控无人机向圆内方向的偏移，向左打杆则控制无人机向圆外方向的偏移，水平"8"字循迹飞行实操训练操控图（4）如图4-52所示。

图4-52　水平"8"字循迹飞行实操训练操控图（4）

（5）水平"8"字循迹飞行。水平"8"字循迹飞行指无人机在起点位置沿顺时针或逆时针方向开始飞圆，完成后不作停留继续沿反方向继续飞圆并返回至起点位置，飞行过程中转向与前进动作需匀速，飞行过程中高度偏差不大于0.5m，水平"8"字循迹飞行实操训练操控图（5）如图4-53所示。

图4-53　水平"8"字循迹飞行实操训练操控图（5）

2. 水平"8"字循迹飞行实操训练的训练要求

（1）无人机的飞行高度应保持在1.5～2.5m范围内，打杆转向过程中需注意不要带动油门杆量，防止无人机转向过程中高度变化过大，水平"8"字循迹飞行实操训练要求图（1）如图4-54所示。

图4-54　水平"8"字循迹飞行实操训练要求图（1）

（2）无人机转向与前进速度应合理匹配，转向角度与圆形航线切角不可大于±30°，水平"8"字循迹飞行实操训练要求图（2）如图4-55所示。

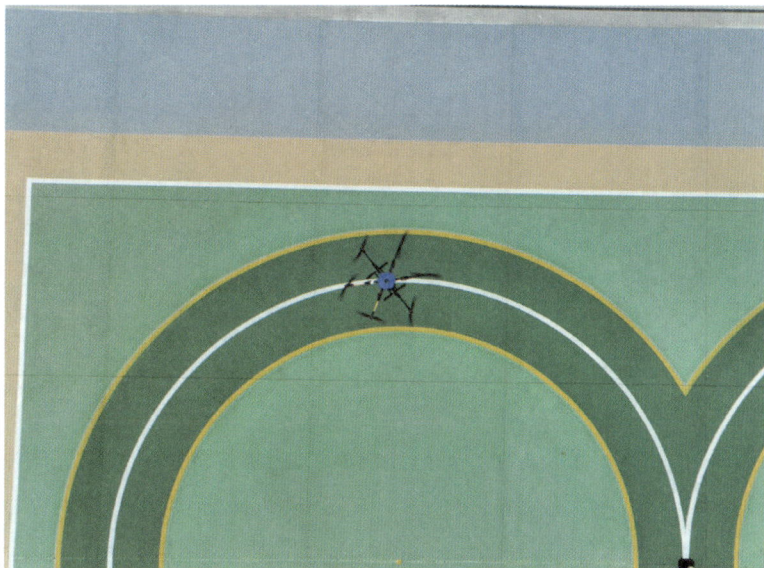

图4-55　水平"8"字循迹飞行实操训练要求图（2）

四、注意事项

（1）学员需保持与起降点5m以上的安全距离进行实践操作，在操作过程中切忌猛打方向，应适应操控杆量匀速转向并逐步掌握直线飞行状态下的匀速状态。

（2）飞行时如无人机偏移较大（超过1.5m），则应该停止前进，操控将无人机飞回直线沿线上方，或转回熟悉的方向并将无人机飞回安全范围内。

（3）学员可在对尾与侧面直线飞行熟练后进行对头方向的练习，这样可在无人机练习对头状态直线飞行操控困难的时候及时转向并在熟练的姿态下纠正；无人机在桩筒上的转向动作需在练习熟练后加快，以练习学员匀速的打杆控制能力。

第五章

无人机飞行提升训练

第一节 无人机相关准备

　　飞行提升训练使用的无人机基本为带有云台与操控端智能 App 的无人机，为保证无人机系统的正常运行，减少不必要的机器故障与损失，提高无人机在飞行中的安全性与稳定性，训练前对无人机系统进行相关的准备维护是升级是必不可少的，无人机及其零部件如图 5-1 所示。

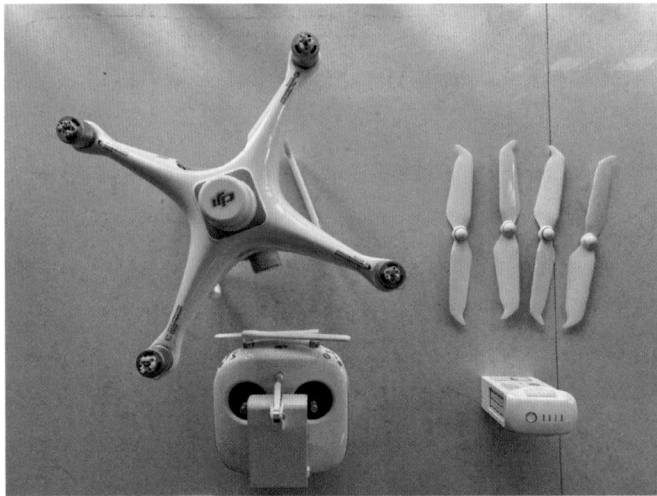

图 5-1　无人机及其零部件

一、外观检查内容

外观检查内容包括：

（1）无人机表面应整洁无划痕，喷漆和涂覆应均匀；如出现与上次记录外的外观损伤，建议进行触摸检查，防止无人机存在隐患，无人机表面检查如图 5‐2 所示。

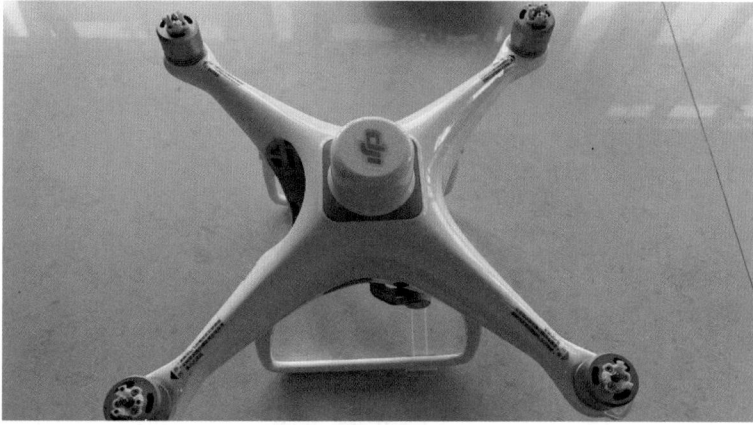

图 5‐2　无人机表面检查

（2）动力系统检查主要内容为：设备无针孔、凹陷、擦伤、畸变等损坏情况，无人机动力系统检查如图 5‐3 所示。

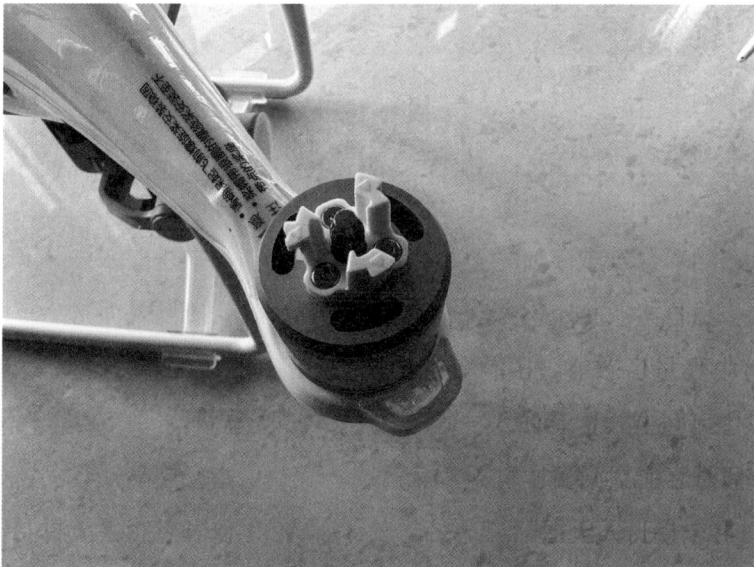

图 5‐3　无人机动力系统检查

（3）金属件应无损伤、裂痕和锈蚀，无人机金属件检查如图 5‐4 所示。

（4）擦伤、畸变等现象会破坏机身原有设计，导致重心不均，增加无人机修正所需的电量耗损，降低续航时间，严重时可使机身晃动过大从而影响使用寿命，甚至导致

IMU 数据异常，增加事故风险，无人机畸变检查如图 5-5 所示。

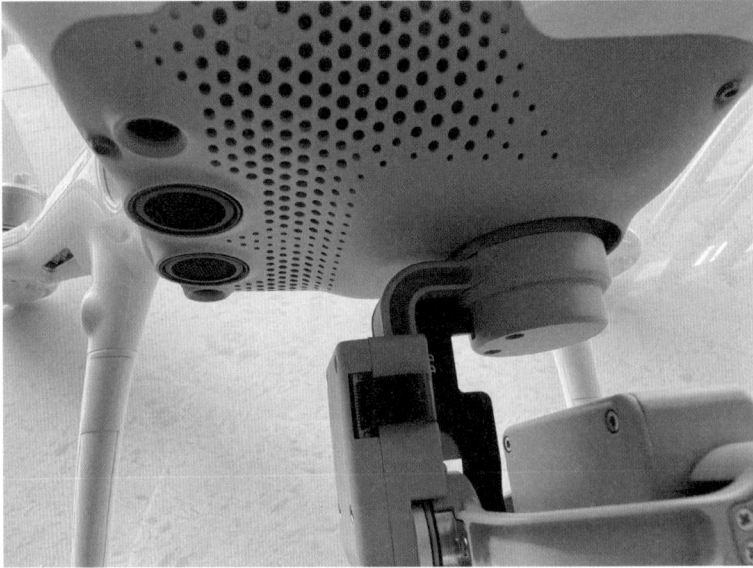

图 5-4　无人机金属件检查

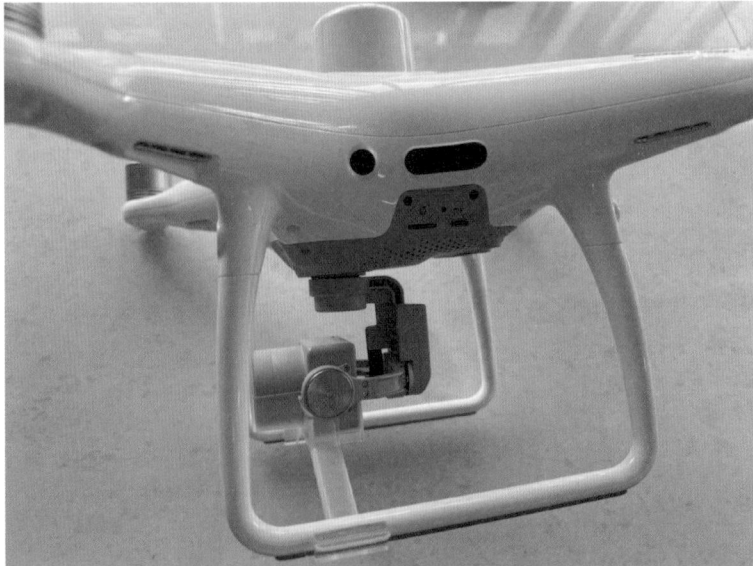

图 5-5　无人机畸变检查

（5）检查电池外壳是否有损坏及变形，电量是否充裕，电池是否安装到位，无人机电池检查如图 5-6 所示。

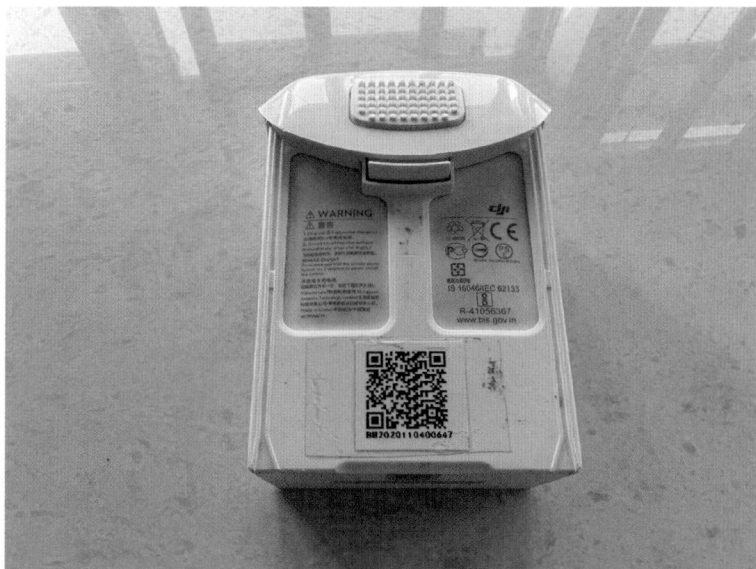

图 5-6　无人机电池检查

（6）检查桨叶情况。如有无裂痕、磨损等，如发现桨叶出现破损时，建议停止使用并更换桨叶，无人机桨叶检查如图 5-7 所示。

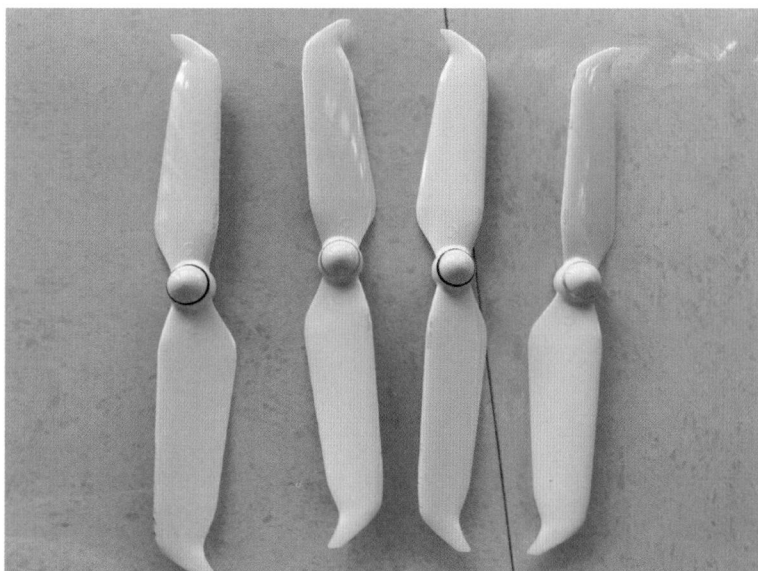

图 5-7　无人机桨叶检查

（7）检查电机的固定螺丝及桨叶固定座是否稳固，周围塑料零件是否出现裂缝。如果螺丝松动，可以使用螺丝刀把松动的螺丝拧紧，若塑料件出现裂缝，请立即更换以防止塑料件开裂失效等情况，无人机电机检查如图5-8所示。

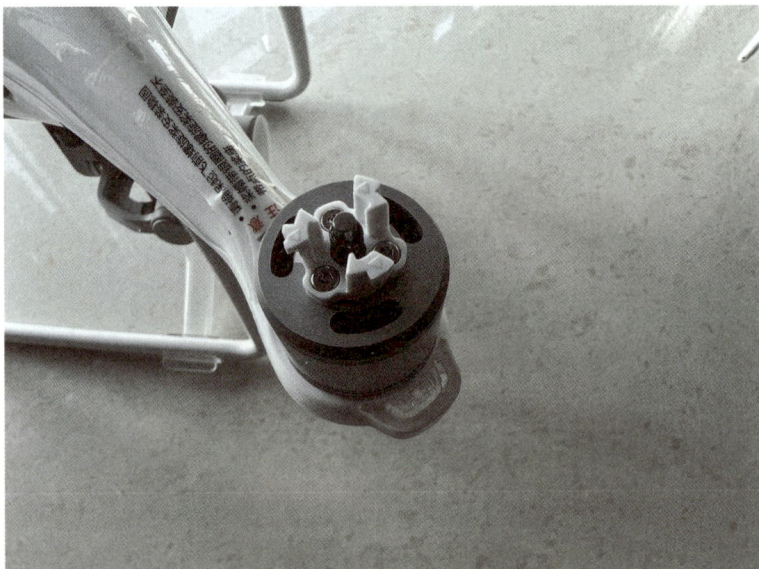

图5-8　无人机电机检查

二、开机检查

（1）指南针在长时间不使用、距离上次起飞点距离较远的情况下（100km），最好进行校准。

（2）如飞行过程中发现无人机姿态不稳，且无法按指定操控杆量前进时，或降落时无人机发生大幅度弹跳，则需要对无人机进行IMU校准。

（3）要确保视觉系统的摄像头清晰无污点，如果飞行器受到强烈碰撞，则需要重新校准。当App提示时要按照提示进行校准。

（4）在不安装飞机螺旋桨的情况下启动电机，若启动之后电机出现异常响声，则可能是轴承磨损或变形，建议更换电机以消除隐患。

（5）若遥控开机后，状态显示灯红色频闪，且同时发出"滴、滴、滴"声响时，证明遥控摇杆需要进行校正。

第二节　无人机矩形飞行与多维度飞行训练

无人机矩形飞行与多维度飞行是通过训练学员控制无人机在各类姿态下的舵面操

控，进一步提升操控反应与控制能力。

一、矩形飞行场地要求

矩形飞行场地要求为：

（1）飞行区域周边 5m 范围无遮挡障碍物。

（2）宽度 5m，长度为 20m 的矩形场地。

矩形飞行场地训练场地如图 5-9 所示。

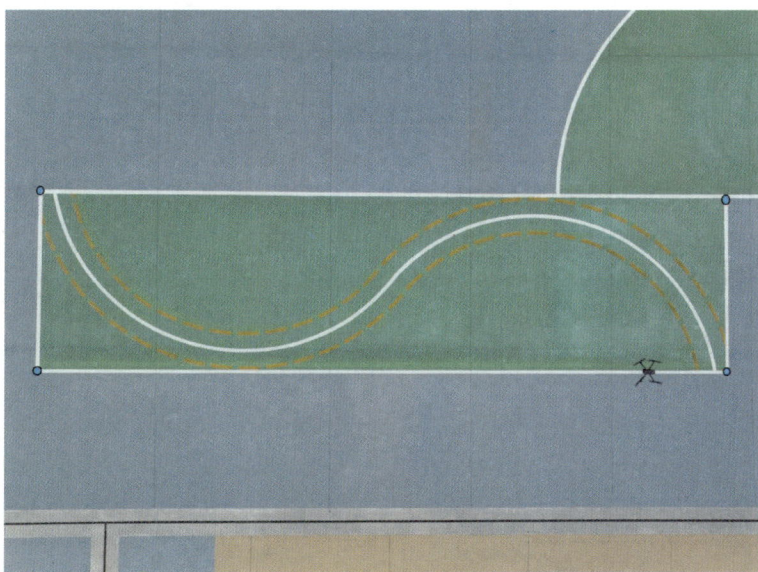

图 5-9　矩形飞行场地

二、矩形飞行实操训练

1. 矩形飞行实操训练的操控解析

（1）无人机起飞。将无人机设备遥控器进行"内、外八字"打杆解锁，将无人机设备飞行至起始点位置，矩形飞行实操训练的操控图（1）如图 5-10 所示。

（2）无人机稳定悬停后，通过操控副翼控制无人机与桩筒左右方向上的位置修正，通过操控升降舵控制无人机与桩筒前后方向上的位置修正，在修正过程中可小幅度多次打杆。以此练习无人机在各个方向上的悬停，矩形飞行实操训练的操控图（2）如图 5-11 所示。

图 5-10　矩形飞行实操训练的操控图（1）

图 5-11　矩形飞行实操训练的操控图（2）

（3）无人机悬停练习熟练后，将进行无人机沿矩形方向直线飞行，过程中会经历无人机对尾直线飞行，调整无人机位置至对尾状态并悬停于起始位置桩筒正上方 1.5～2m 高度；操控无人机操控杆的升降舵向前，使无人机前进并在此过程中通过操控副翼，保持飞机直线移动前往下一个桩筒，期间通过升降舵踩空的舵量大小控制前进速度，矩形飞行实操训练的操控图（3）如图 5－12 所示。

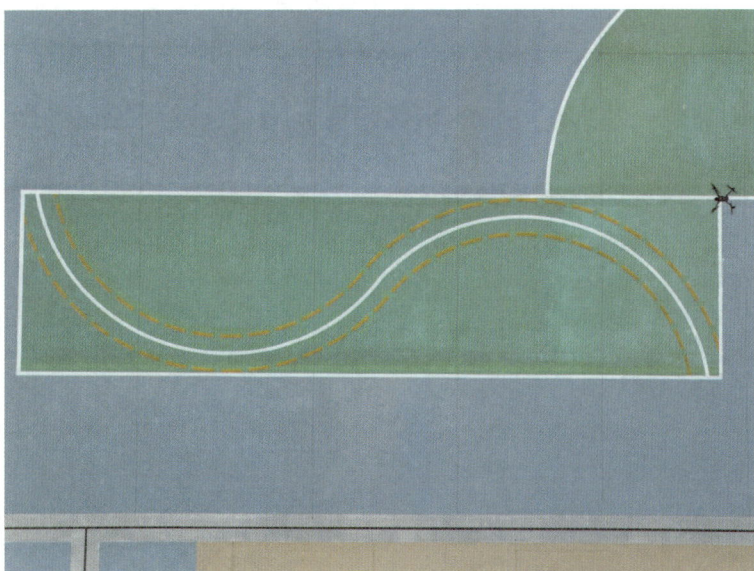

图 5－12 矩形飞行实操训练的操控图（3）

（4）无人机对侧姿态直线飞行。无人机稳定悬停后，操控方向舵始无人机面对下一个桩筒，此时无人机为对侧状态，前往下个桩筒的前进方向仍然由升降舵控制，直线移动期间通过副翼调整无人机的对侧状态，矩形飞行实操训练的操控图（4）如图 5－13 所示。

图 5－13 矩形飞行实操训练的操控图（4）

（5）无人机对头姿态直线飞行。无人机稳定悬停后，操控方向舵使无人机转变为对头飞行状态，前往下个桩筒的前进方向仍然由升降舵控制，直线移动期间通过副翼调整无人机对侧状态。需要注意的是，对头状态时升降舵和副翼的舵面控制与对尾时相反，矩形飞行实操训练的操控图（5）如图5-14所示。

图5-14　矩形飞行实操训练的操控图（5）

2. 矩形飞行实操训练的训练要求

（1）训练全程使用S挡位飞行，且关闭全部避障功能。

（2）无人机的飞行高度应保持在1.5~2m内，并且偏移量控制在1m范围内，打杆转向过程中需注意不要带动油门杆量，防止无人机转向过程中高度变化过大；移动时通过控制舵量大小调整速度，速度不宜过快。

（3）每次转向操控前，均需要将无人机稳定悬停在桩筒正上方，待姿态调整稳定后再进行下一步操作。与定点悬停相同，顺时针与逆时针方向的操控均需要练习熟练。

三、多维度飞行场地要求

（1）飞行区域周边5m范围无遮挡障碍物。

（2）半径为8m的1/4圆组成的扇形场地。

矩形飞行实操训练的要求图训练场地如图5-15所示。

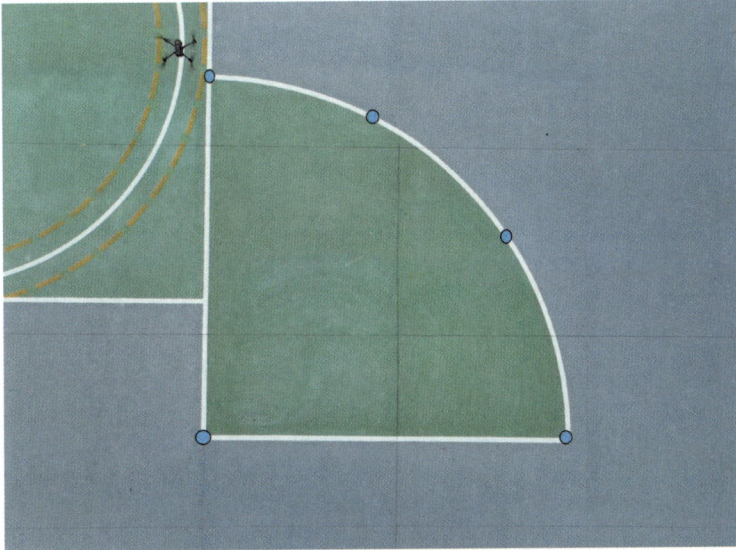

图 5 - 15　矩形飞行实操训练的要求图

四、多维度飞行实操训练

1. 多维度飞行实操训练的操控解析

（1）无人机起飞。将无人机设备遥控器进行"内、外八字"打杆解锁，将无人机设备飞行至起始点位置，多维度飞行实操训练操控图（1）如图 5 - 16 所示。

图 5 - 16　多维度飞行实操训练操控图（1）

（2）无人机稳定悬停后，调整无人机至起始点位置正上方并稳定无人机，无人机沿弧线方向侧向右飞行至结束点；使用右副翼操控无人机移动的同时跟随航线调整无人机航向，并通过前后控制无人机在航线上的位置，多维度飞行实操训练操控图（2）如图 5-17 所示。

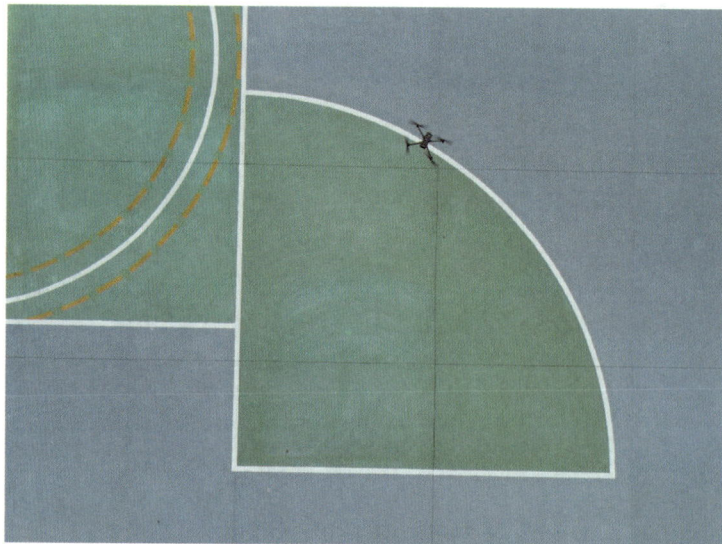

图 5-17　多维度飞行实操训练操控图（2）

（3）飞行至结束点后，对尾方式原路飞回起点。无人机沿弧线方向侧向左飞行至起点；使用左副翼操控无人机移动的同时跟随航线调整无人机航向，并通过前后控制无人机在航线上的位置，多维度飞行实操训练操控图（3）如图 5-18 所示。

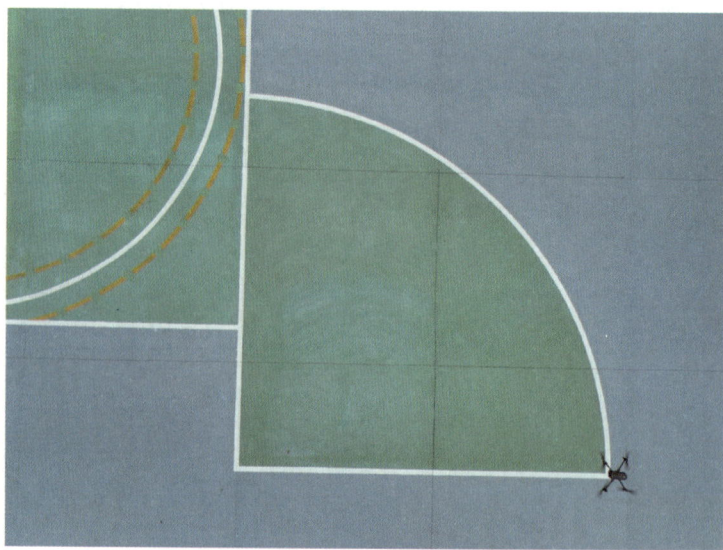

图 5-18　多维度飞行实操训练操控图（3）

（4）无人机在起点转向 90°，并以对侧方式飞行。无人机沿弧线方右移飞往结束点；使用前进位操控无人机移动的同时跟随航线调整无人机航向，并通过左右副翼控制无人机在航线上的位置，多维度飞行实操训练操控图（4）如图 5-19 所示。

图 5-19　多维度飞行实操训练操控图（4）

（5）飞行至结束点后，对侧方式原路飞回起点。无人机沿弧线方向向后退飞行至起点；使用后退位操控无人机移动的同时跟随航线调整无人机航向，并通过左右副翼控制无人机在航线上的位置，多维度飞行实操训练操控图（5）如图 5-20 所示。

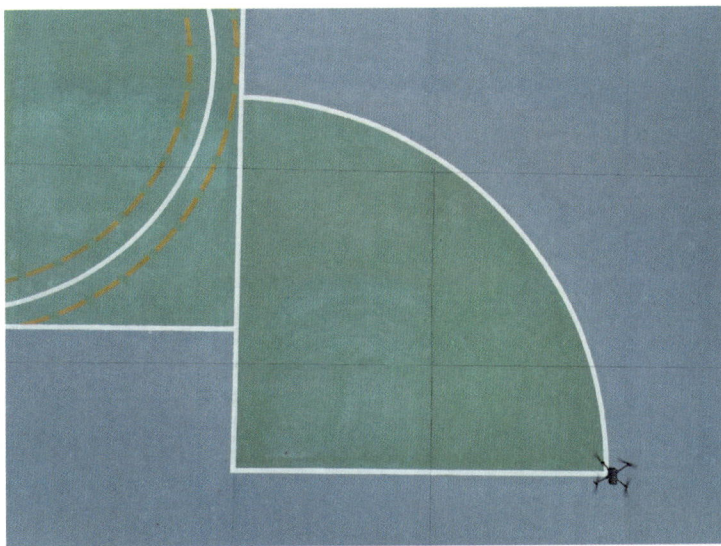

图 5-20　多维度飞行实操训练操控图（5）

（6）无人机在起点转向 90°，并以对头方式飞行。无人机沿弧线方右移飞往结束点；使用前左副翼操控无人机移动的同时跟随航线调整无人机航向，并通过前后控制无人机在航线上的位置，多维度飞行实操训练操控图（6）如图 5-21 所示。

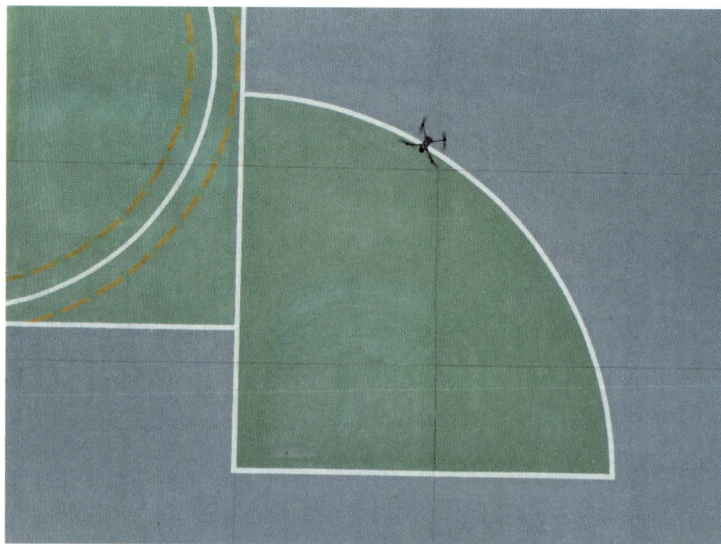

图 5-21　多维度飞行实操训练操控图（6）

（7）飞行至结束点后，对头方式原路飞回起点。无人机沿弧线方向左侧飞行至起点；使用右副翼操控无人机移动的同时跟随航线调整无人机航向，并通过左右副翼控制无人机在航线上的位置，多维度飞行实操训练操控图（7）如图 5-22 所示。

图 5-22　多维度飞行实操训练操控图（7）

（8）无人机在起点转向 90°，并以对侧方式飞行。无人机沿弧线方右移飞往结束点；使用后退位操控无人机移动的同时跟随航线调整无人机航向，并通过左右副翼控制无人机在航线上的位置，多维度飞行实操训练操控图（8）如图 5-23 所示。

图 5-23　多维度飞行实操训练操控图（8）

（9）飞行至结束点后，对侧方式原路飞回起点。无人机沿弧线方向左侧飞行至起点；使用前进控无人机移动的同时跟随航线调整无人机航向，并通过左右副翼控制无人机在航线上的位置，多维度飞行实操训练操控图（9）如图 5-24 所示。

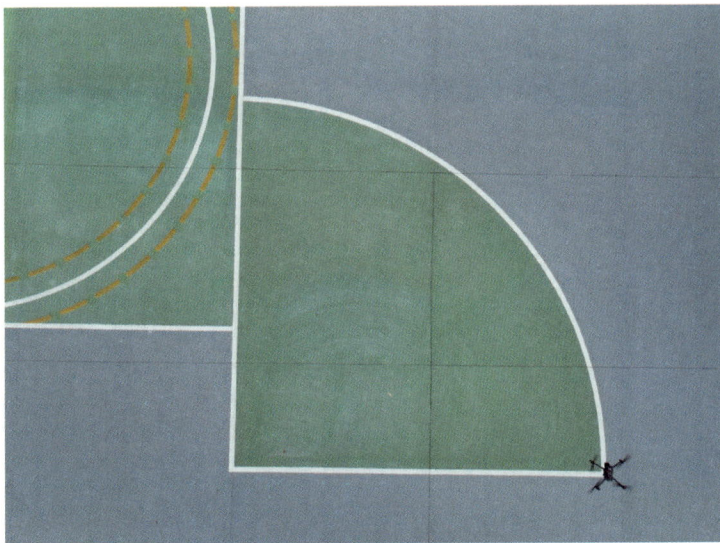

图 5-24　多维度飞行实操训练操控图（9）

2. 多维度飞行实操训练的训练要求

（1）如无人机偏移较大（超过 1.5m），则应该停止前进，操控无人机飞回原点或转回熟悉的方向，之后将无人机飞至安全范围内。

（2）飞行过程中，学员可在对后面与对侧面飞行熟练后进行对头方向的练习，这样可在无人机练习对头状态直线飞行操控困难的时候及时转向并纠正，无人机在桩筒上的转向动作可在练习熟练后加快。此项内容可练习学员匀速打杆的控制能力。

第三节　超视距巡检可见光影像和红外影像采集训练

学员熟练掌握并熟悉无人机在第一视角下的飞行后，进行无人机在可见光影像和红外影像采集作业上的实战训练，通过真实的作业场景环境与具体的作业任务，进一步提升与磨炼无人机的操控水平，并关联到相关的作业中真实提升自身实战能力。超视距巡检可见光影像和红外影像采集训练也是将之前的训练运用到实际环境中的关键一步。

一、超视距巡检可见光影像和红外影像采集场地要求

（1）该场地需具备可见光影像采集的电力行业硬件设备，如输电/配电专业线路杆塔和导线、变电专业一次设备等。

（2）相关电力设备需具备带电运行条件，否则无法进行红外影像采集。

（3）周围空旷，无遮挡，满足无人机合法飞行条件。

超视距巡检可见光影像和红外影像采集场地如图 5-25 所示。

二、超视距巡检可见光影像采集实操训练

1. 超视距巡检可见光影像采集实操训练的操控解析

（1）无人机启动。将无人机设备遥控器进行"内、外八字"打杆解锁，目视无人机起飞爬升高度，并飞行至安全高度，超视距巡检可见光影像采集实操训练操控图（1）如图 5-26 所示。

图 5-25　超视距巡检可见光影像和红外影像采集场地

图 5-26　超视距巡检可见光影像采集实操训练操控图 (1)

　　(2) 将操控方式转为第一视角,利用无人机地面站图传飞行,调整无人机位置并飞往目标杆塔,超视距巡检可见光影像采集实操训练操控图 (2) 如图 5-27 所示。

　　(3) 到达拍摄位置后,按照要求顺序抵近拍摄目标并调整角度,超视距巡检可见光

119

影像采集实操训练操控图（3）如图5-28所示。

图 5-27　超视距巡检可见光影像采集实操训练操控图（2）

图 5-28　超视距巡检可见光影像采集实操训练操控图（3）

（4）调整无人机地面站相机参数，并进行对焦操作，按要求顺序拍摄照片，超视距巡检可见光影像采集实操训练操控图（4）如图5-29所示。

图 5-29　超视距巡检可见光影像采集实操训练操控图（4）

（5）拍摄完成后，首先将无人机飞至安全高度后返航，超视距巡检可见光影像采集实操训练操控图（5）如图 5-30 所示。

图 5-30　超视距巡检可见光影像采集实操训练操控图（5）

（6）无人机返航至目视范围时，转为目视飞行并调整无人机至对尾状态后降落，超视距巡检可见光影像采集实操训练操控图（6）如图 5-31 所示。

图 5-31　超视距巡检可见光影像采集实操训练操控图（6）

2. 超视距巡检可见光影像采集实操训练的训练要求

（1）无人机起飞后安全位置。无人机起飞后安全位置是指无人机飞行路径与正上方均无障碍物，且无人机保持目视对尾状态，超视距巡检可见光影像采集实操训练要求图（1）如图5-32所示。

图5-32　超视距巡检可见光影像采集实操训练要求图（1）

（2）操控无人机转为第一视角飞行后，前往目标杆塔时，控制无人机爬升至高于目标高度，保持路径上无遮挡，超视距巡检可见光影像采集实操训练要求图（2）如图5-33所示。

图5-33　超视距巡检可见光影像采集实操训练要求图（2）

（3）由于拍摄位置的不同，无人机应采用第一视角首先观察飞行路径，确保安全，超视距巡检可见光影像采集实操训练要求图（3）如图 5-34 所示。

图 5-34 超视距巡检可见光影像采集实操训练要求图（3）

（4）按照顺序进行拍摄，要求熟练无人机基本相机参数调整，并了解熟练基本光照环境下的参数调整，超视距巡检可见光影像采集实操训练要求图（4）如图 5-35所示。

图 5-35 超视距巡检可见光影像采集实操训练要求图（4）

（5）全部拍摄完成后，升高度之前需判断上方有无障碍物，并利用第一视角判断，超视距巡检可见光影像采集实操训练要求图（5）如图 5-36 所示。

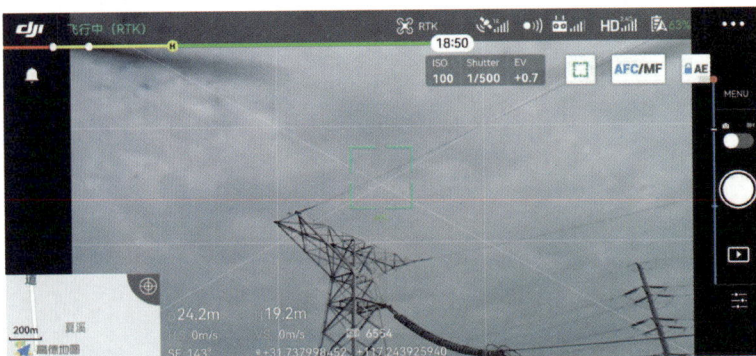

图 5-36　超视距巡检可见光影像采集实操训练要求图（5）

（6）无人机到达目视范围时转目视飞行，且在转向对尾降落之前，目视判断周围有无障碍物，超视距巡检可见光影像采集实操训练要求图（6）如图 5-37 所示。

图 5-37　超视距巡检可见光影像采集实操训练要求图（6）

三、超视距巡检红外影像采集实操训练

1. 超视距巡检红外影像采集实操训练的操控解析

（1）无人机启动，将无人机设备遥控器进行"内、外八字"打杆解锁，目视无人机起飞爬升高度，并飞行至安全高度，超视距巡检红外影像采集实操训练操控图（1）如图 5-38 所示。

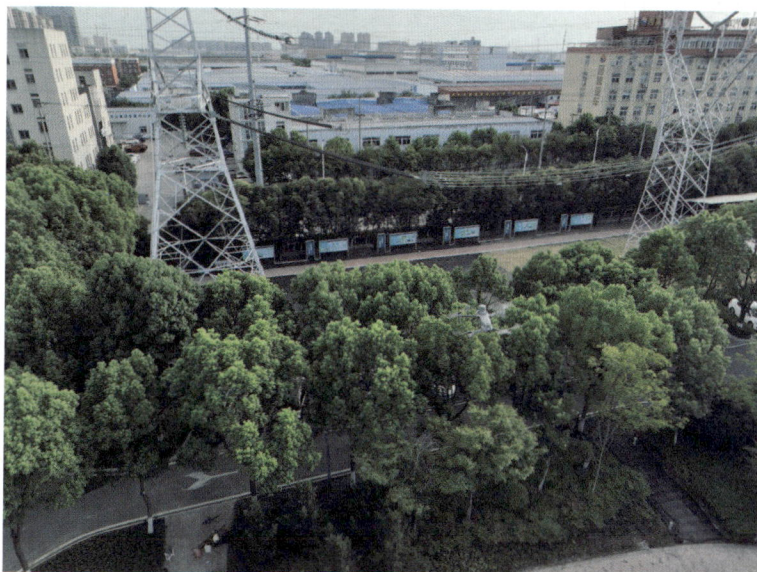

图 5-38 超视距巡检红外影像采集实操训练操控图（1）

（2）将操控方式转为可见光画面第一视角，利用无人机地面站图传飞行，调整无人机位置并飞往目标杆塔，超视距巡检红外影像采集实操训练操控图（2）如图 5-39 所示。

图 5-39 超视距巡检红外影像采集实操训练操控图（2）

（3）到达拍摄位置后，按照要求顺序抵近拍摄目标并调整角度，超视距巡检红外影像采集实操训练操控图（3）如图 5-40 所示。

（4）切换无人机地面站画面为红外视角，并再次调整角度，按要求顺序拍摄照片，超视距巡检红外影像采集实操训练操控图（4）如图 5-41 所示。

图 5-40　超视距巡检红外影像采集实操训练操控图（3）

图 5-41　超视距巡检红外影像采集实操训练操控图（4）

（5）全部拍摄完成后切换回可见光视角画面，将无人机飞至安全高度后返航，超视距巡检红外影像采集实操训练操控图（5）如图 5-42 所示。

图 5-42　超视距巡检红外影像采集实操训练操控图（5）

（6）无人机返航至目视范围时，转为目视飞行并调整无人机至对尾状态后降落，超视距巡检红外影像采集实操训练操控图（6）如图 5-43 所示。

图 5-43　超视距巡检红外影像采集实操训练操控图（6）

2. 超视距巡检红外影像采集实操训练的训练要求

（1）无人机起飞后安全位置。无人机起飞后安全位置是指无人机飞行路径与正上方均无障碍物，且无人机保持目视对尾状态，超视距巡检红外影像采集实操训练要求图（1）如图 5-44 所示。

图 5-44　超视距巡检红外影像采集实操训练要求图（1）

（2）操控无人机转为可见光画面第一视角飞行后，前往目标杆塔时，控制无人机爬升至高于目标高度，保持路径上无遮挡，超视距巡检红外影像采集实操训练要求图（2）如图 5-45 所示。

图 5-45　超视距巡检红外影像采集实操训练要求图（2）

（3）由于拍摄位置的不同，无人机应采用第一视角首先观察飞行路径，确保安全，超视距巡检红外影像采集实操训练要求图（3）如图 5-46 所示。

图 5-46　超视距巡检红外影像采集实操训练要求图（3）

（4）要求熟练无人机红外相机基本参数调整，并了解熟练基本光照环境下的红外影像拍摄方式和参数调整，超视距巡检红外影像采集实操训练要求图（4）如图 5－47 所示。

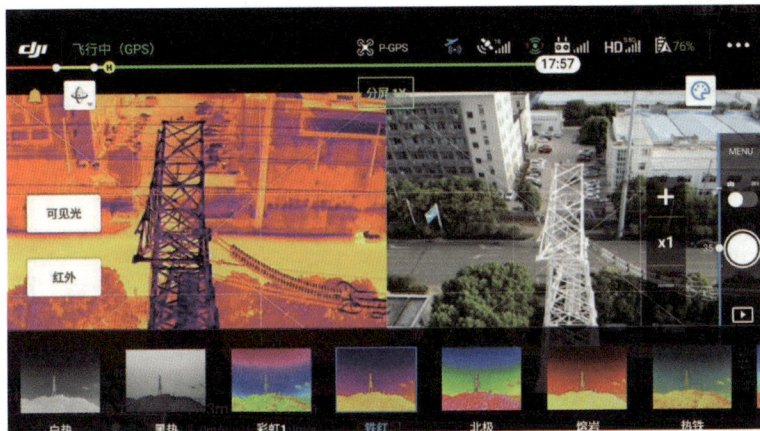

图 5－47　超视距巡检红外影像采集实操训练要求图（4）

（5）拍摄完成后，升高度之前需判断上方有无障碍物，并利用可见光画面第一视角判断，超视距巡检红外影像采集实操训练要求图（5）如图 5－48 所示。

图 5－48　超视距巡检红外影像采集实操训练要求图（5）

（6）无人机到达目视范围时转目视飞行，且在转向对尾降落之前，目视判断周围有无障碍物，超视距巡检红外影像采集实操训练要求图（6）如图 5－49 所示。

四、注意事项

（1）学员应在无人机飞行过程中时刻注意与杆塔与周边障碍物距离，并保持随时观

图 5-49　超视距巡检红外影像采集实操训练要求图（6）

察的状态，利用第一视角或避障提示安全飞行，拍摄时最小安全距离为 3m，且在丢失方向判断或障碍物判断时，切记不可盲目操作。

（2）无人机飞行路径规划需在飞行前提前与带飞教员确认，飞行过程中需根据飞行路径调整无人机第一视角镜头方向观察并确保无遮挡。

（3）红外拍摄训练中，如红外影像画面无法准确判断无人机距离或位置，可切换回可见光画面或同时显示。

（4）熟练掌握合适起降场地选择与无人机安全范围控制。

（5）应合理安排无人机飞行时间，熟悉无人机性能以及返航电量判断，这在实际飞行作业中尤为重要。

第四节　地面站航线规划与自主飞行训练

学员在完成全部的无人机手动飞行教学科目后，应进行无人机地面站任务学习，学习无人机航线的规划与自主飞行。通过学习无人机地面航线规划与执行，了解任务航线基本原理，更进一步地贴近真实飞行作业，这也是将之前的学习内容融会贯通的体现。

一、地面站航线规划与自主飞行场地要求

（1）场地需满足无人机起飞空间要求，起飞点上方应无遮挡物，地面站航线规划与自主飞行场地如图 5 - 50 所示。

图 5 - 50　地面站航线规划与自主飞行场地

（2）地面站规划软件为 DJI Pilot，DJI Pilot 如图 5 - 51 所示。

图 5 - 51　DJI Pilot

二、地面站航线规划与自主飞行实操训练

1. 地面站航线规划与自主飞行实操训练的规划解析

（1）打开 DJI Pilot 软件，点击进入航线库，可选择已创建的航线，或点击"创建航线"进行航线规划，地面站主界面如图 5-52 所示。

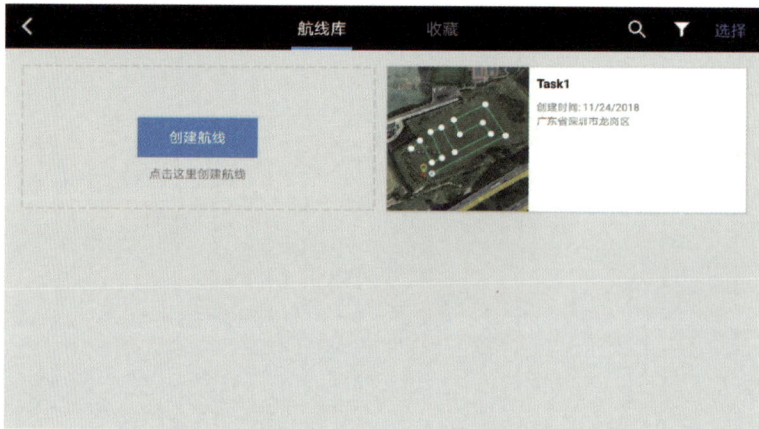

图 5-52　地面站主界面

（2）要求添加多边形航线航点，地面站航点设置界面如图 5-53 所示。

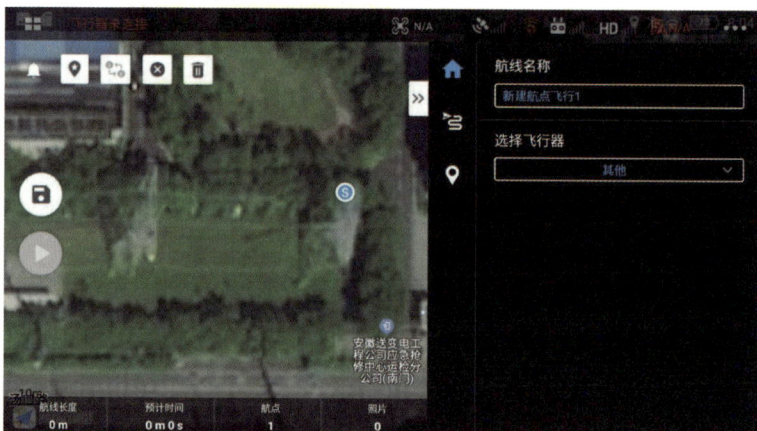

图 5-53　地面站航点设置界面

（3）调整无人机航线航点参数，地面站航点参数调整界面如图 5-54 所示。

（4）对所选航点，包括飞行器高速、偏航角、旋转方向、云台俯仰角、航点动作做出调整，地面站无人机参数调整界面如图 5-55 所示。

图 5-54　地面站航点参数调整界面

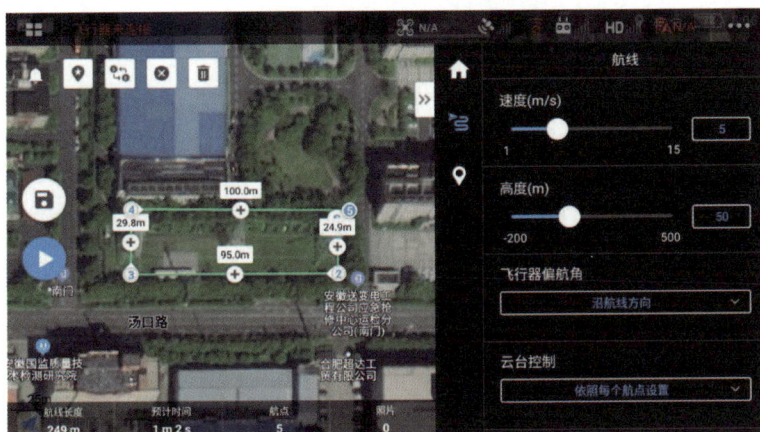

图 5-55　地面站无人机参数调整界面

（5）调整无人机航线执行速度，并检查各航点位置等参数设置后保存，地面站航线界面如图 5-56 所示。

图 5-56　地面站航线界面

（6）选择起降点并放置无人机，做无人机起飞前检查，根据现场情况调整返航高度，地面站起飞前检查界面如图 5-57 所示。

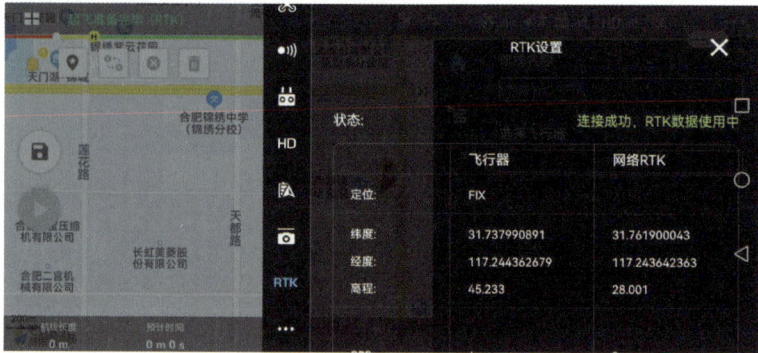

图 5-57　地面站起飞前检查界面

（7）确认无人机状态，并上传航线，地面站航线上传界面如图 5-58 所示。

图 5-58　地面站航线上传界面

（8）无人机开始执行航线，地面站航线执行界面如图 5-59 所示。

图 5-59　地面站航线执行界面

（9）无人机航线完成后自动返航，参照手动飞行的要求辅助起降并目视观察。

2. 地面站航线规划与自主飞行实操训练的训练要求

（1）无人机航线规划中需包含不少于五个航点的多边形，地面站航点设置界面如图5-60所示。

图5-60　地面站航点设置界面

（2）航线任务需包含高度调整、距离调整、坐标调整、挂载云台调整等操作，地面站航线任务界面如图5-61所示。

图5-61　地面站航线任务界面

（3）为确保航线规划与执行的安全，学员每次完成规划后保存的航线均需由带飞教员检查。

（4）无人机起飞前检查完成后，学员需汇报带飞教员飞行相关设置参数，如返航高度、指南针、RTK状态等信息。

（5）航线任务执行全程，学员应时刻关注无人机状态与链路状态并随时汇报带飞教员相关飞行信息。

三、注意事项

（1）学员应在无人机飞行过程中时刻注意无人机各项参数状态，距离障碍物最小安全距离不小于5m，且在丢失方向判断或障碍物判断时，切记不可盲目操作，如发现危险情况需立刻停止当前航线任务。

（2）无人机航线规划需在飞行前提前与带飞教员确认，飞行过程中需根据飞行路径调整无人机第一视角镜头方向观察并确保无遮挡。

（3）熟悉无人机航线执行方式与原理，并熟练规划与调整航线各参数。

（4）熟练掌握航点调整与航点任务设置。